国家级职业教育规划教材
全国职业院校艺术设计类专业教材

室内设计制图与识图（第二版）习题册

刘日端　孙晓倩　主编

中国劳动社会保障出版社

简介

本习题册与全国职业院校艺术设计类专业教材《室内设计制图与识图（第二版）》配套使用。习题册按照教材章节顺序编写，题型丰富，难易适中，供学生课后练习使用。

本习题册由刘日端、孙晓倩任主编。

图书在版编目（CIP）数据

室内设计制图与识图（第二版）习题册 / 刘日端，孙晓倩主编 . -- 北京：中国劳动社会保障出版社，2022

全国职业院校艺术设计类专业教材

ISBN 978-7-5167-5565-5

Ⅰ. ①室… Ⅱ. ①刘… ②孙… Ⅲ. ①室内装饰设计 – 建筑制图 – 高等职业教育 – 习题集②室内装饰设计 – 建筑制图 – 识别 – 高等职业教育 – 习题集 Ⅳ. ① TU238-44

中国版本图书馆 CIP 数据核字（2022）第 144581 号

中国劳动社会保障出版社出版发行

（北京市惠新东街 1 号 邮政编码：100029）

*

北京市艺辉印刷有限公司印刷装订 新华书店经销

880 毫米 ×1230 毫米 16 开本 4 印张 88 千字

2022 年 9 月第 1 版 2022 年 9 月第 1 次印刷

定价：10.00 元

读者服务部电话：（010）64929211/84209101/64921644

营销中心电话：（010）64962347

出版社网址：http://www.class.com.cn

http://jg.class.com.cn

目录

Contents

第一章　制图基本知识

一、填空

1. 丁字尺主要用来画________。

2. 分规是用来________线段长度和________线段的工具，也可用它等分直线段或圆弧。

3. 常用的比例尺有1:________、1:________、1:________、1:________、1:________、1:________六种刻度。

4. A4图幅是____________mm，A3图幅是297 mm×210 mm，A3的长边是A4短边的________倍。

5. 粗实线用于________轮廓线，中粗实线用于________轮廓线，中实线用于________________，细实线用于________。

6. 粗虚线用于________轮廓线。

7. 细单点画线用于________、________、定位轴线等。

8. 粗线的宽度应从线宽系列1.4 mm、1 mm、________mm、________mm中选取。

9. 字体的高度应从字高系列________mm、________mm、________mm、________mm、14 mm、20 mm中选取。

10. 一个完整的尺寸标注由________、________、________和________四要素组成。

11. 尺寸起止符号采用与尺寸界线成________倾斜________的________画出，长度约________mm。

12. 尺寸数字的高度一般采用________mm。

13. 平面图形根据尺寸的完整性分为________线段、________线段、________线段三类。

14. 通常按先画________线段，再画________线段，最后画________线段的步骤来绘图。

二、图线练习

1. 在指定位置按示范图线抄画下列各种图线。

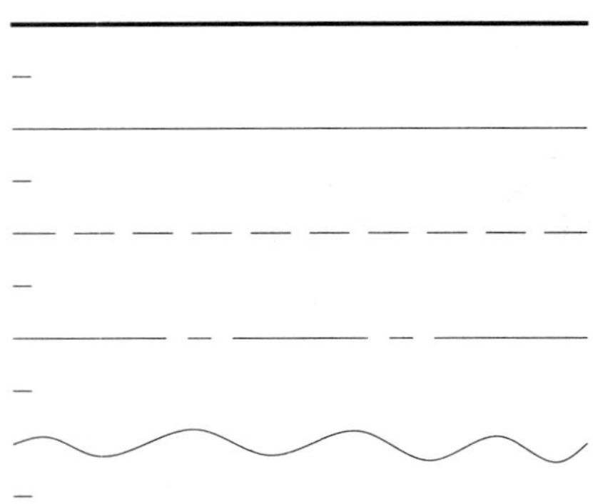

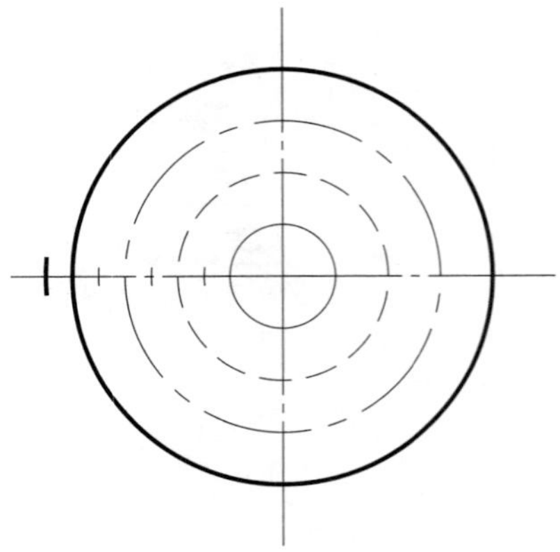

2. 在右边用对应的图线画出左边对称的图形。

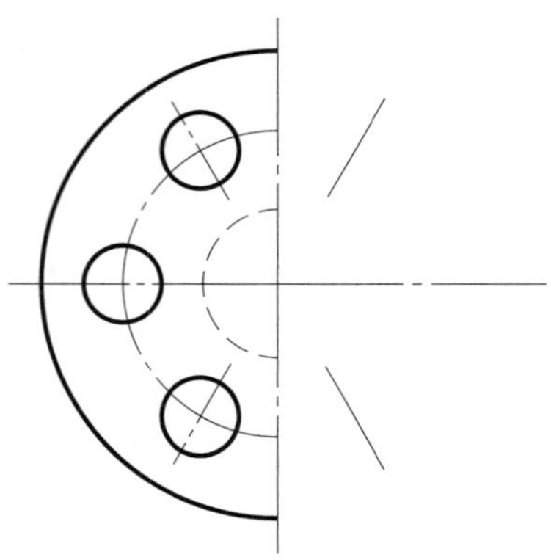

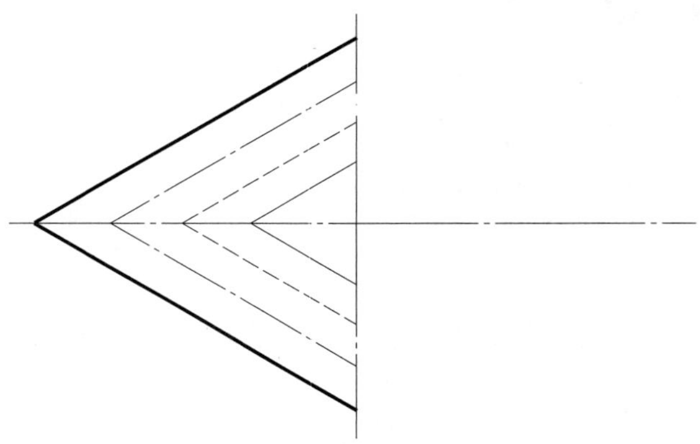

三、字体练习

建筑总平面布置图地面铺装顶棚灯具线路强弱电设施

学院校班级号制审核专业室内装饰设计客厅厨房书餐

大理石拼花柚木地板防滑塑料扣板膏乳胶漆紫红绿蓝白黑黄橙色

墙窗台阶毯柱通气孔轨卧浴藏管铝钢卷帘电视话详艺踢脚喷空调

abcdefghijklmnopqrstuvwxyz 1234567890

abcdefghijklmnopqrstuvwxyz 1234567890

ABCDEFGHIJKLMNOPQRSTUVWXYZ

ABCDEFGHIJKLMNOPQRSTUVWXYZ

四、标注图形的尺寸

1. 画出标注的起止符号，并填写线性尺寸和角度尺寸数字（尺寸数字按 1:5 从图中量取，取整数）。

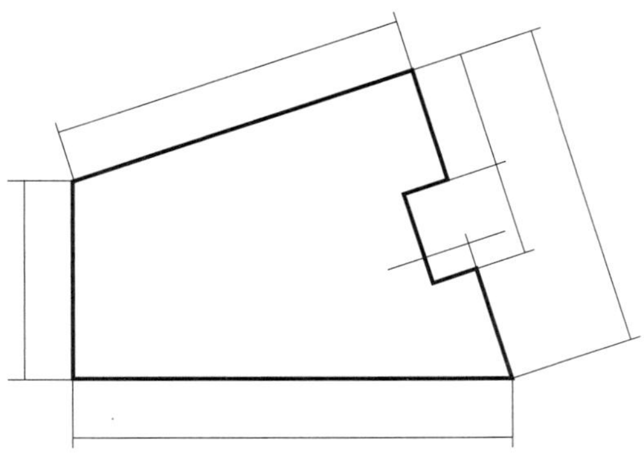

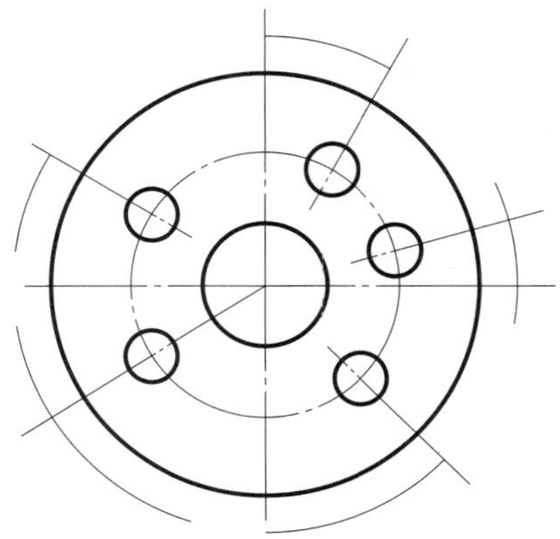

2. 标注圆或圆弧的尺寸（尺寸数字按 1:1 从图中量取，取整数）。

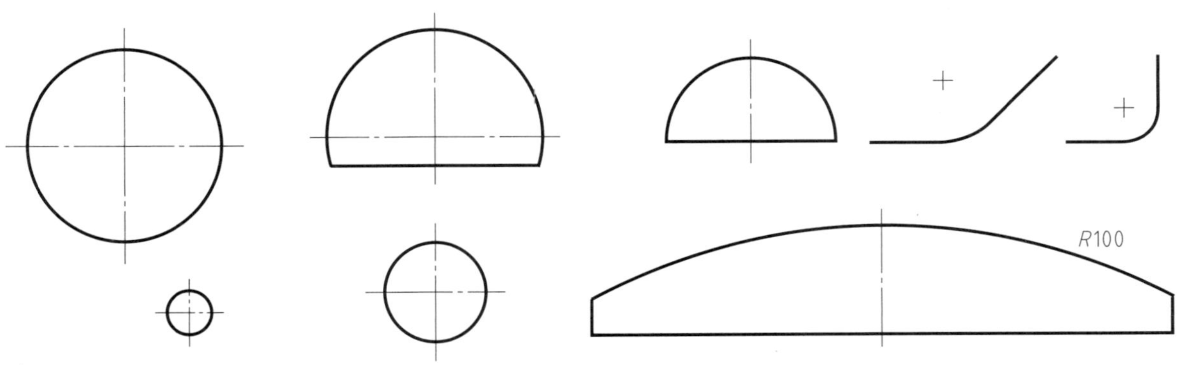

五、平面图形练习

1. 基本作图。

（1）将线段 *AB* 七等分。

（2）在两线段间画出等距离的三条平行线。

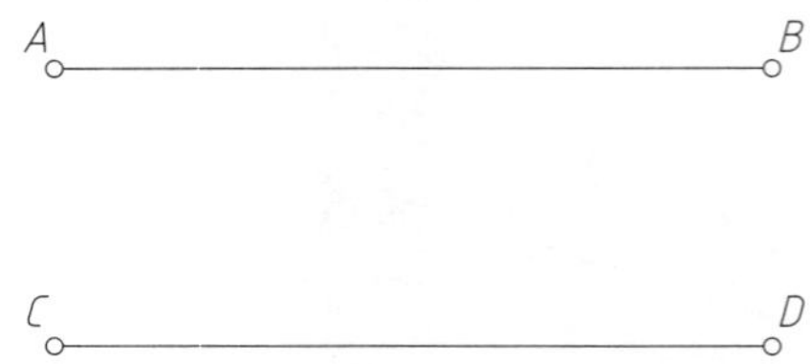

（3）作圆内接正五边形。

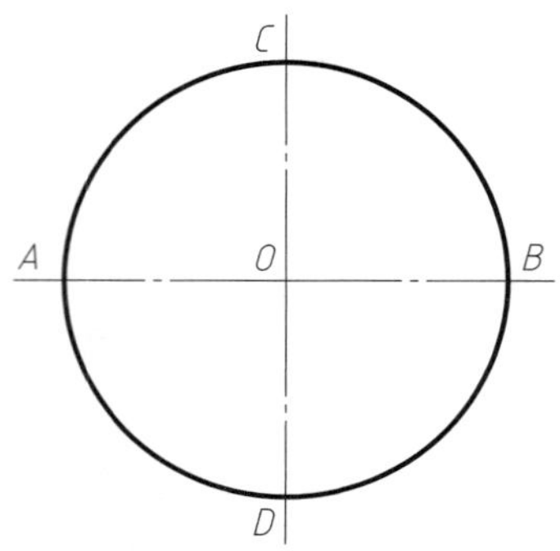

（4）作圆内接正六边形。

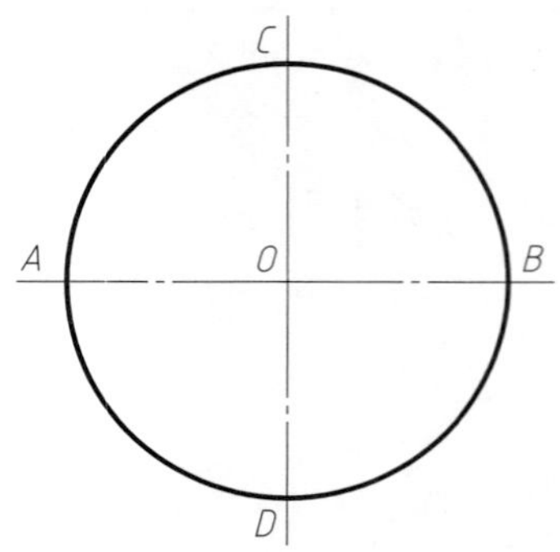

2. 圆弧连接。

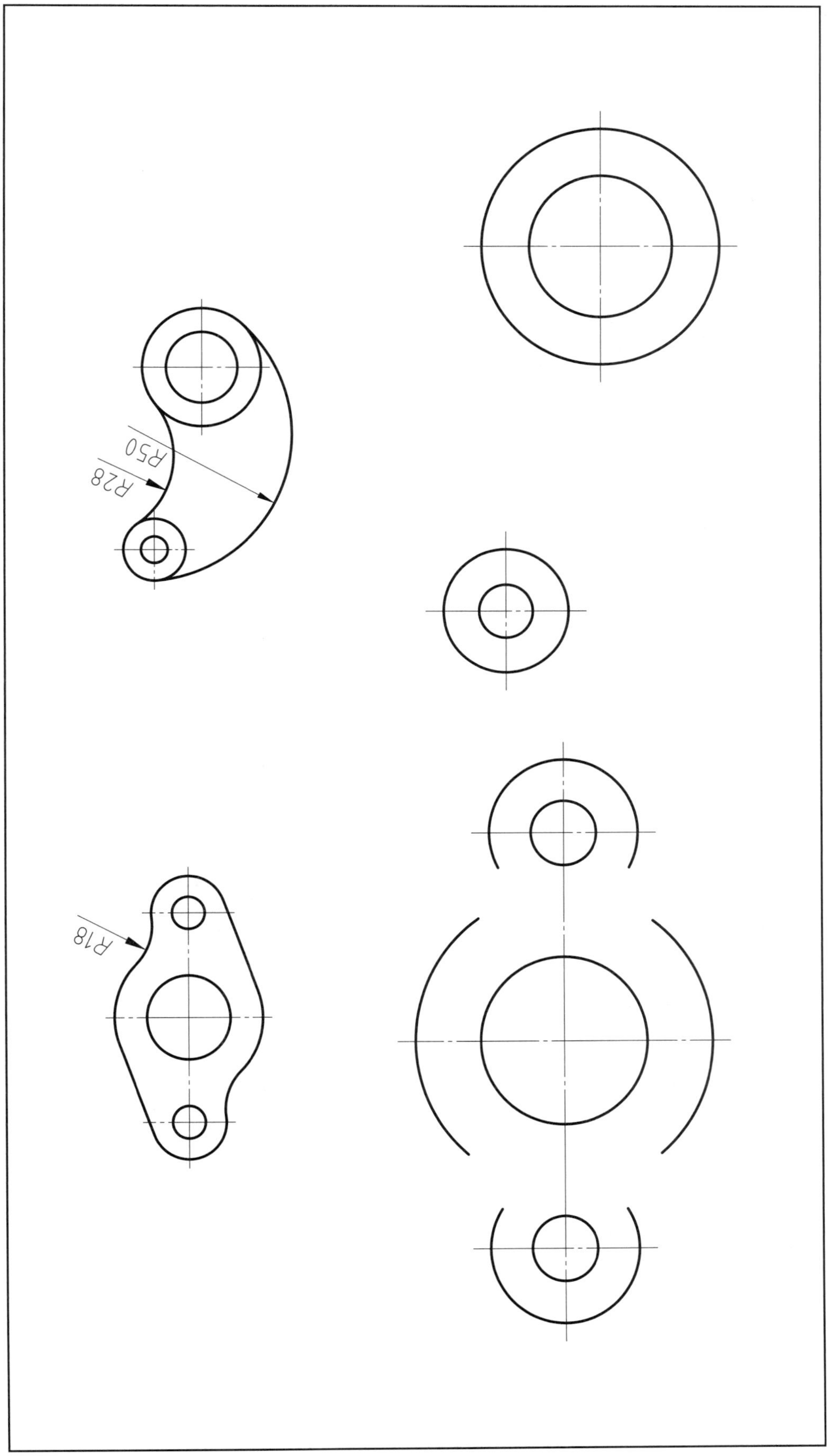

3. 抄画平面几何图形并标注尺寸（用A4图纸，按1：1比例画图）。

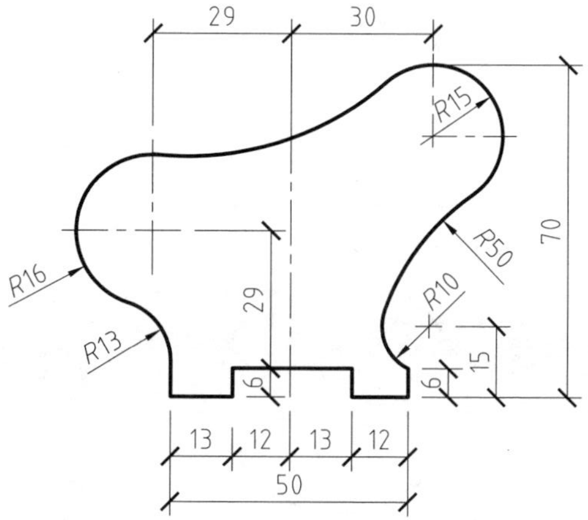

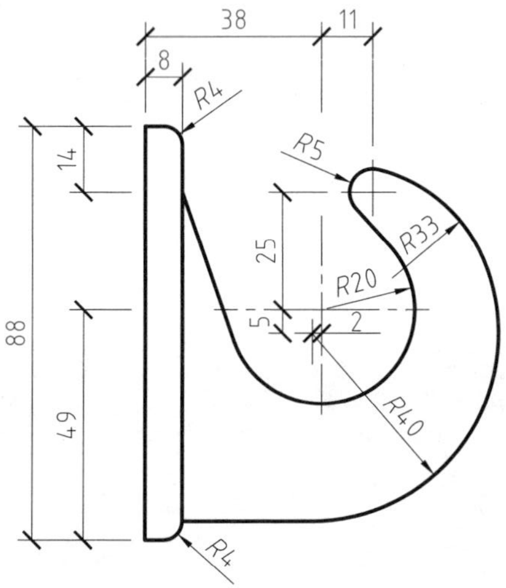

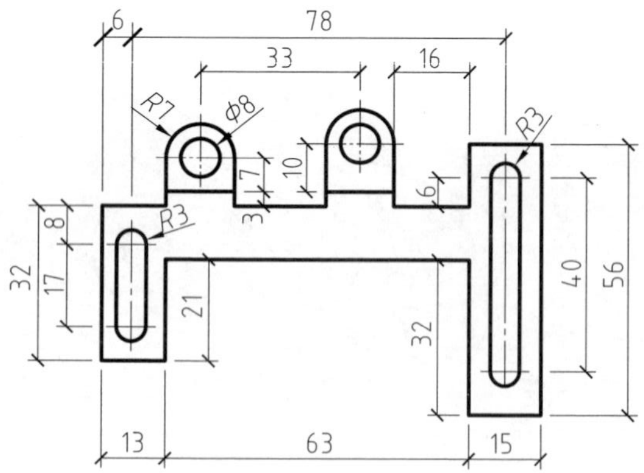

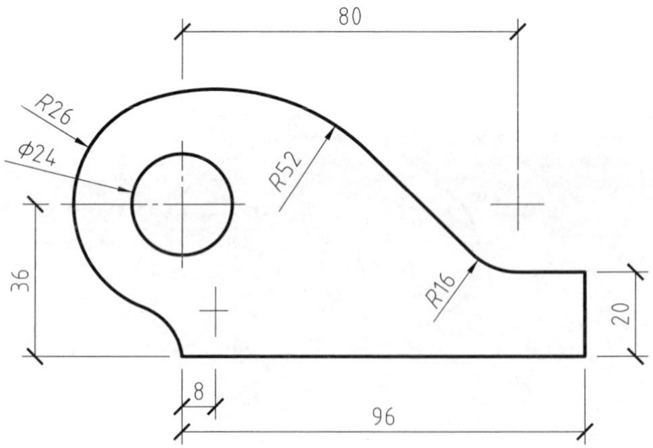

第二章 投影基础

一、填空

1. 投射线从投射中心发射对物体做投影的方法称为________。

2. 投射线与投影面相互垂直的平行投影法称为________。

3. 在室内设计中，轴测图主要用于________、________等方面，也常用于辅助说明某些节点的具体结构。

4. 室内设计制图主要采用________，因为这种投影图能正确地表达物体的________。

5. 工程常用的图示方法有正投影法、________、________。

6. 当直线或平面图形平行于投影面时，在该投影面上的投影反映直线的________或平面图形的________；________投影面时，其投影在投影面上积聚成一点或一直线；________投影面时，其投影是直线、平面图形的类似形。

7. 正投影反映物体的______，水平投影反映物体的______，侧面投影反映物体的______。

8. 投影之间的“三等”关系是长________、高________、宽________。

9. 平行线________某个投影面，与其他两个投影面________；垂直线________某个投影面，与其他两个投影面________；一般线与各投影面均________。

10. 平行面________某一投影面，且________其他两投影面；垂直面________某一投影面，且________其他两投影面；一般面与各投影面均________。

11. ________图能真实、准确地反映物体的形状和大小，但立体感差。

12. ________图立体感强，可度量，但难以表达复杂的形体。

二、找出与直观图相对应的三视图，在每题的括号内填写直观图的序号

2—1

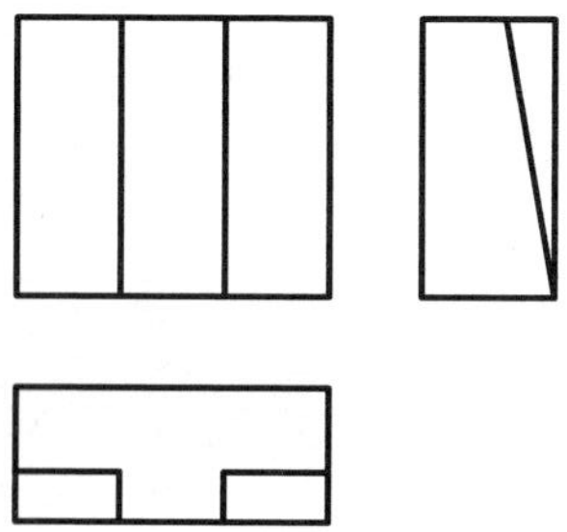

(　　)

2—2

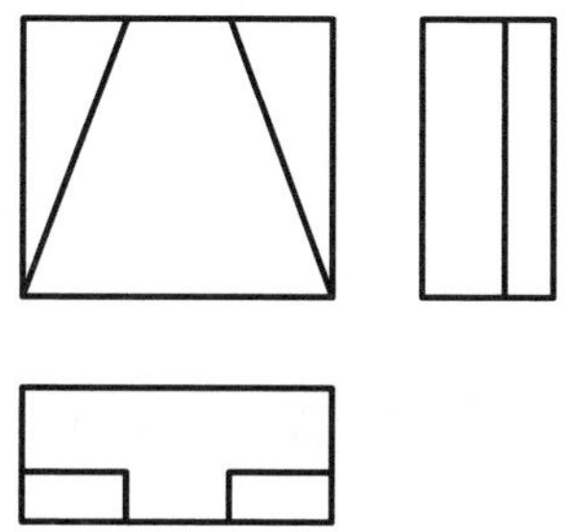

(　　)

2—3

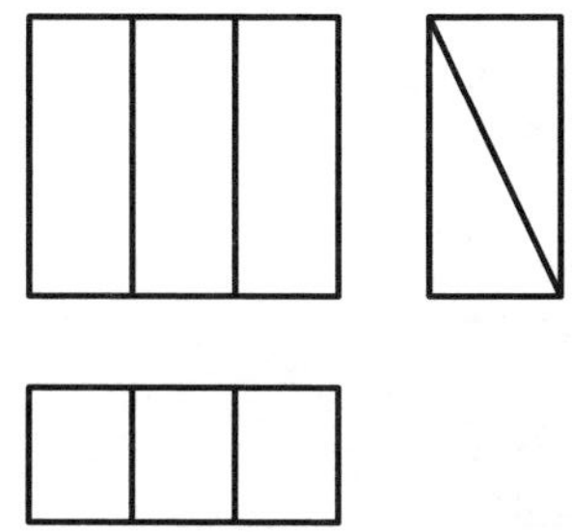

(　　)

2—4

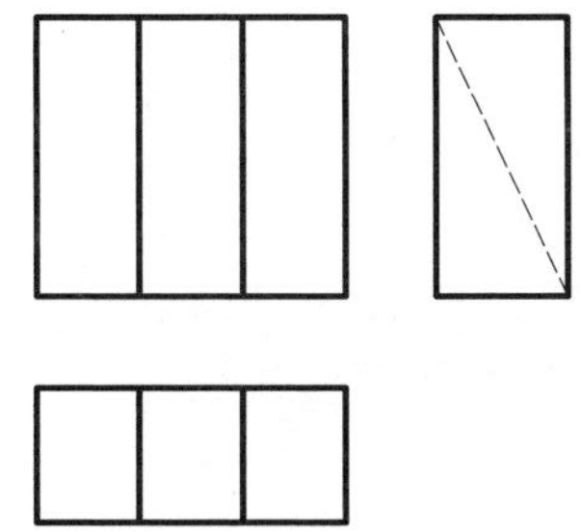

(　　)

2—5

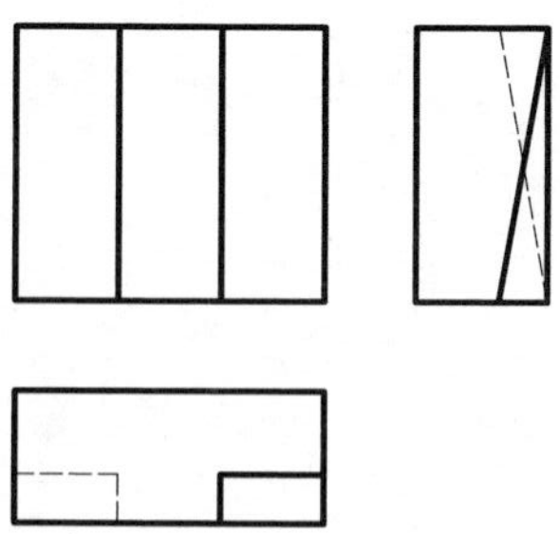

(　　)

2—6

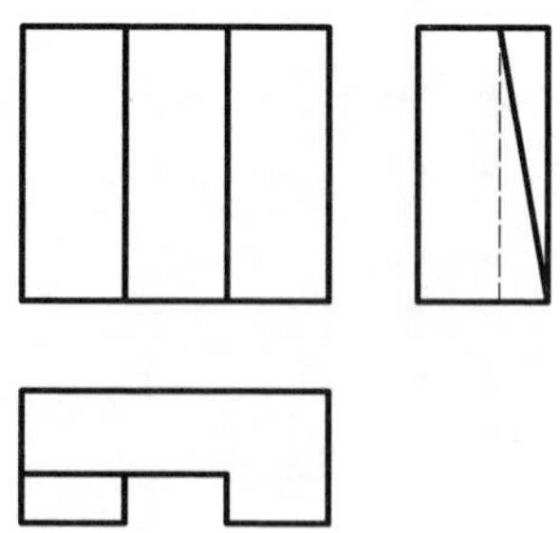

(　　)

2—7

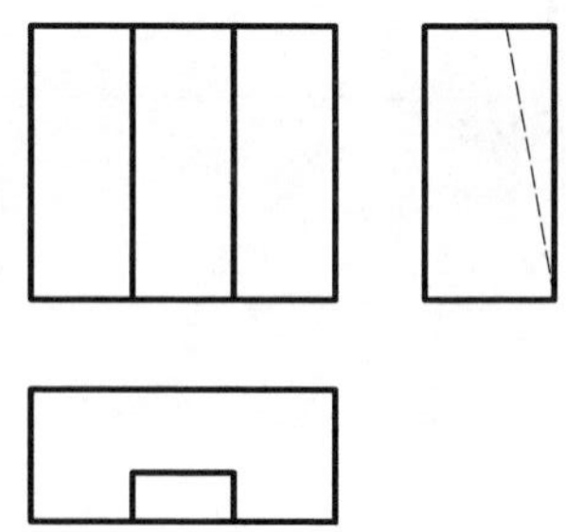

(　　)

2—8

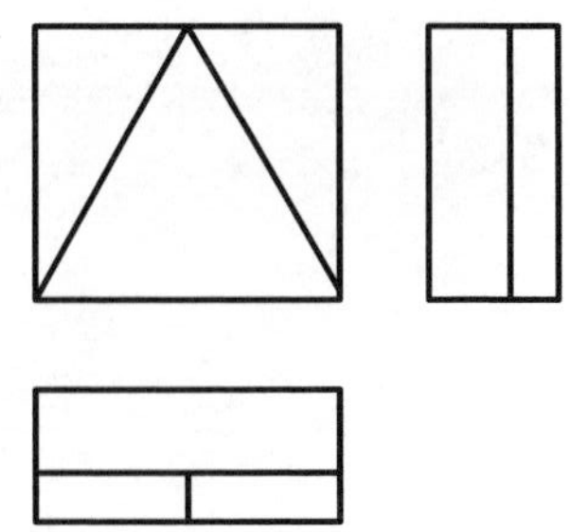

(　　)

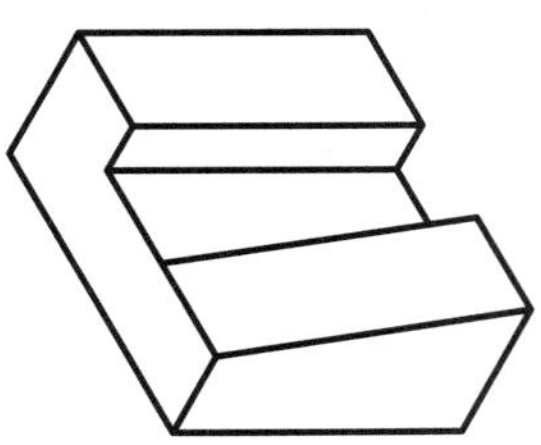

A

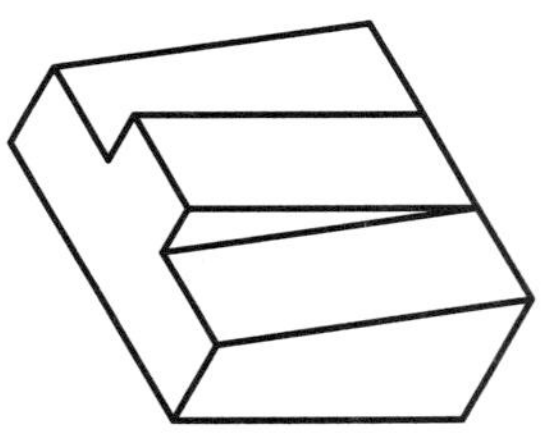

B

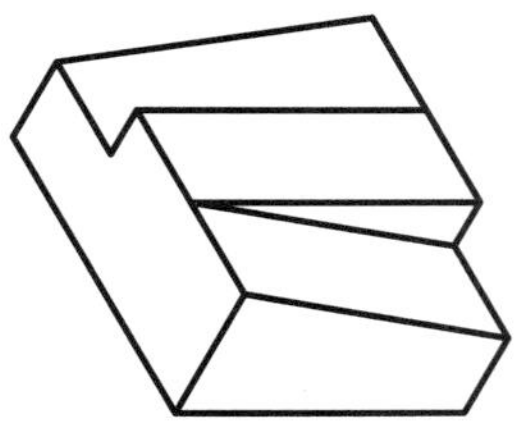

C

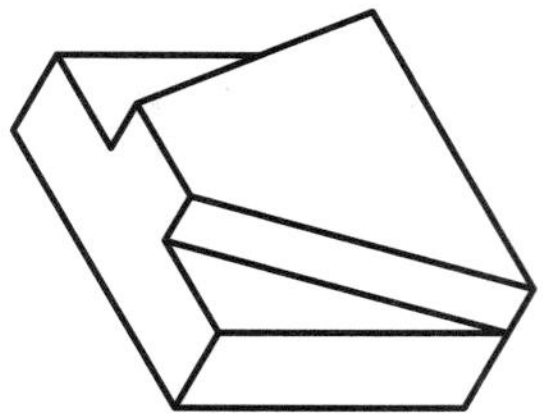

D

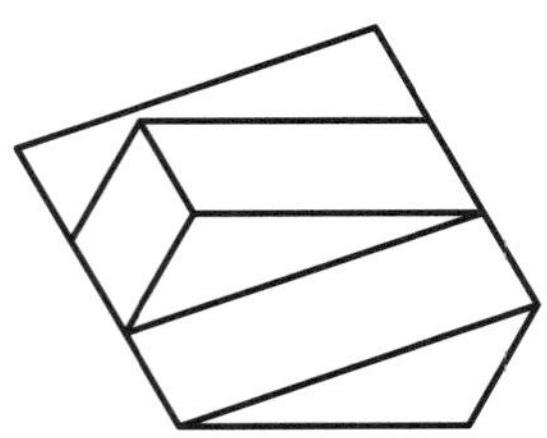

E

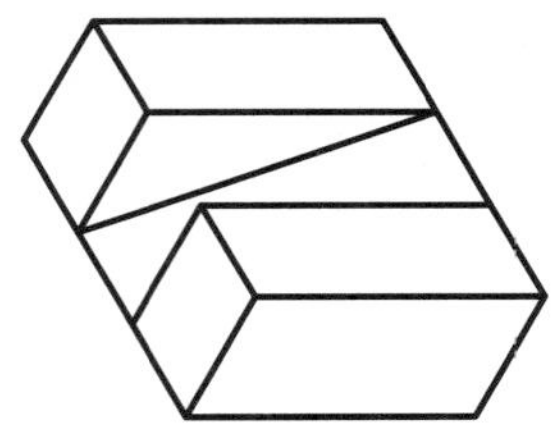

F

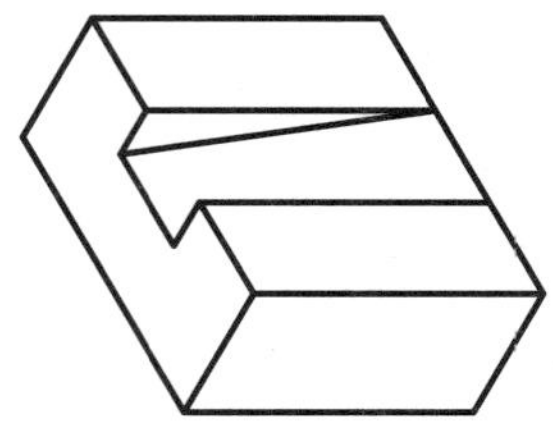

G

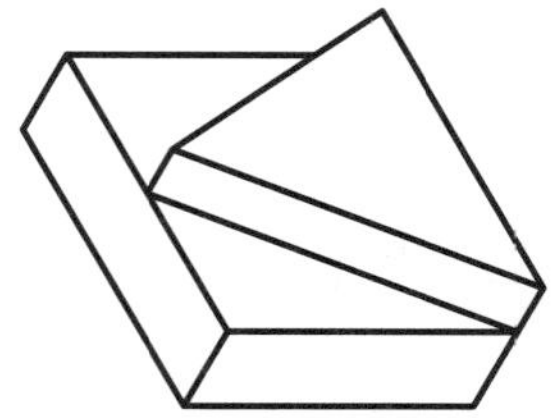

H

三、标出外观图上所示线段的三面投影，并判断其属于哪种线段

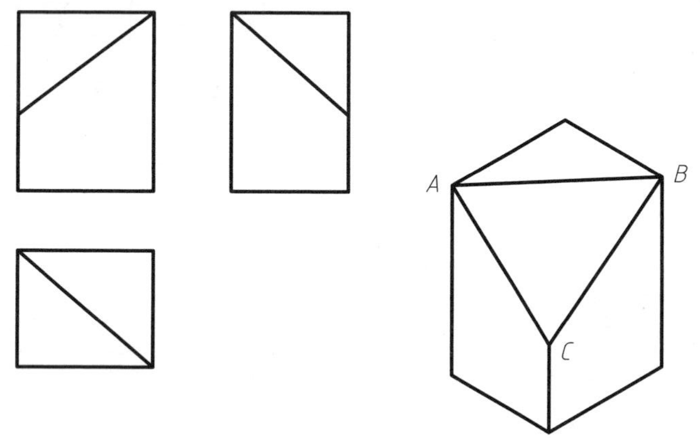

AB 是________线，BC 是________线，CA 是________线。

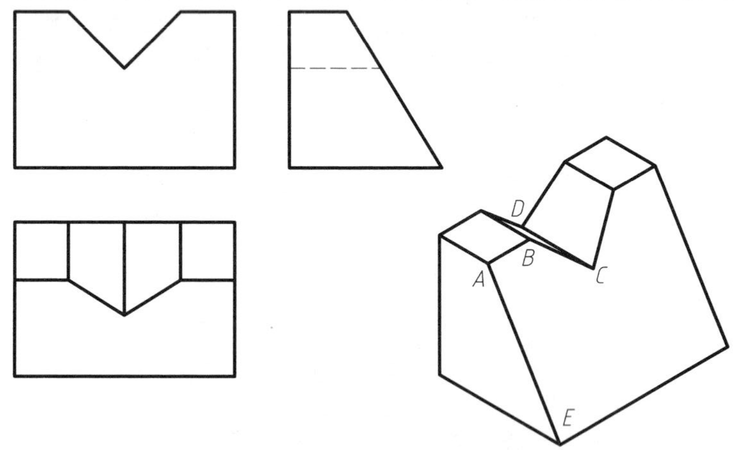

AB 是________线，BC 是________线，CD 是________线。

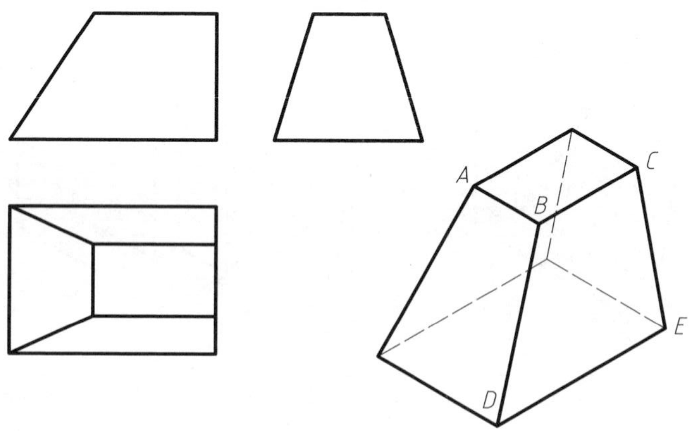

AB 是________线，BD 是________线，CE 是________线。

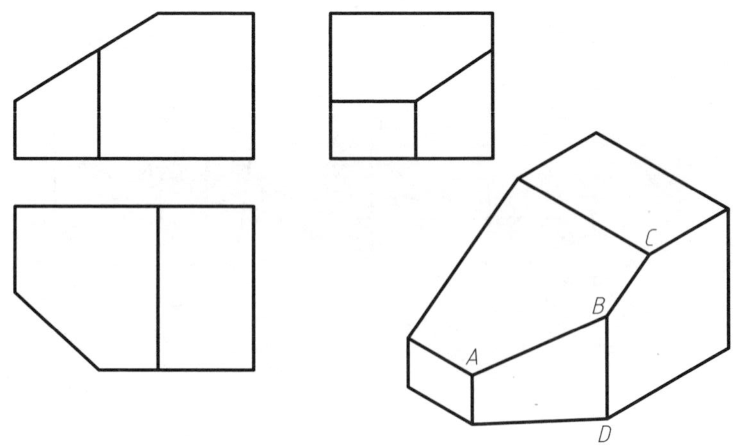

AB 是________线，BC 是________线，BD 是________线。

四、标出外观图上所示平面的三面投影，并判断其属于哪种平面

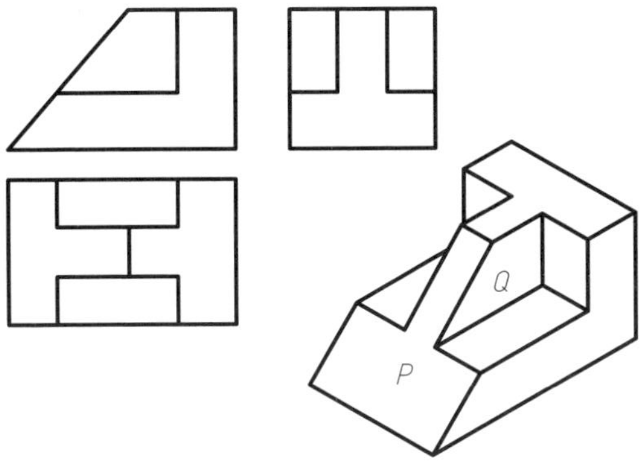

P是________面，Q是________面。

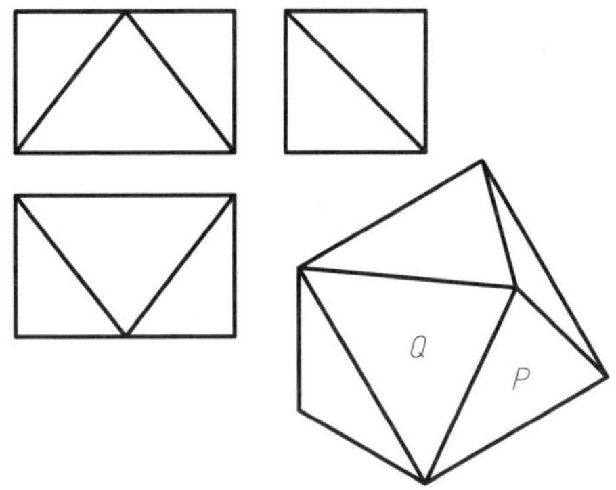

P是________面，Q是________面。

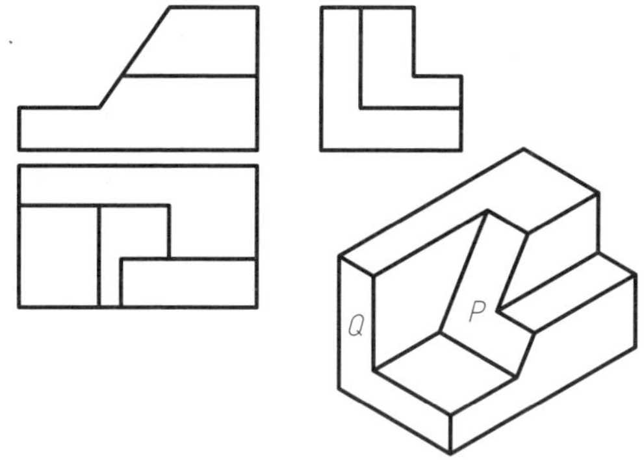

P是________面，Q是________面。

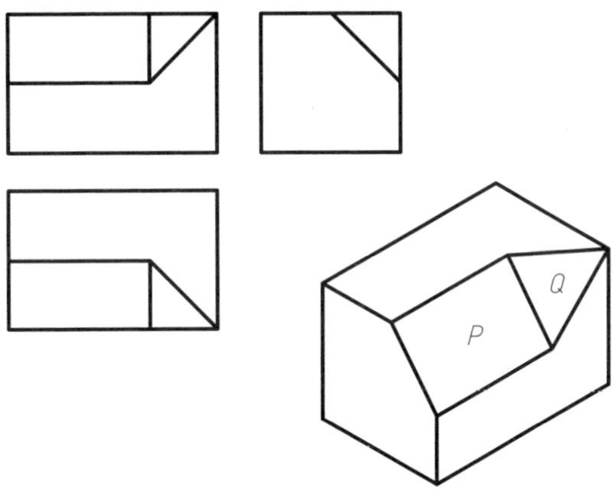

P是________面，Q是________面。

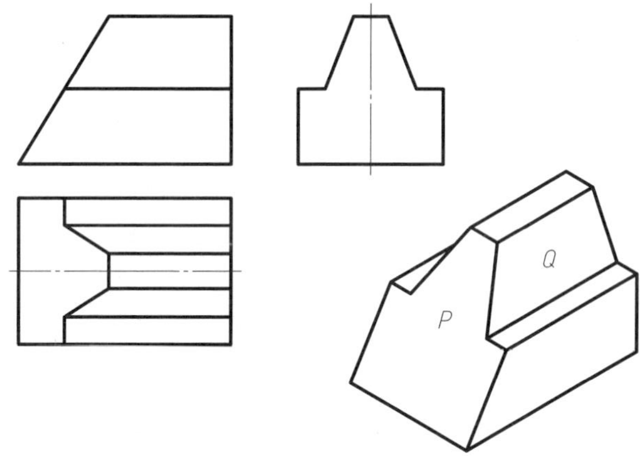

P是________面，Q是________面。

五、根据提供的已知条件，判断并填空

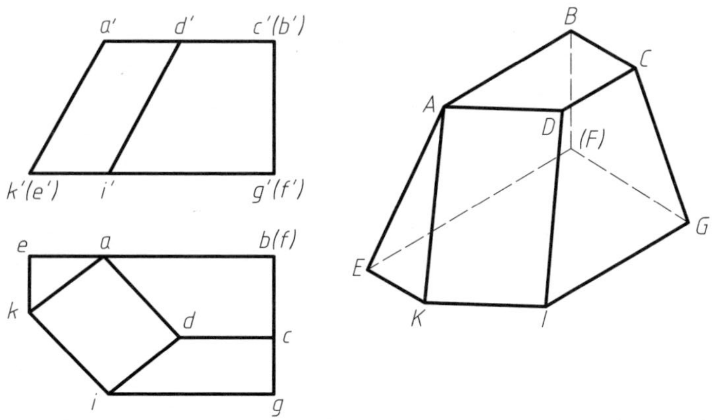

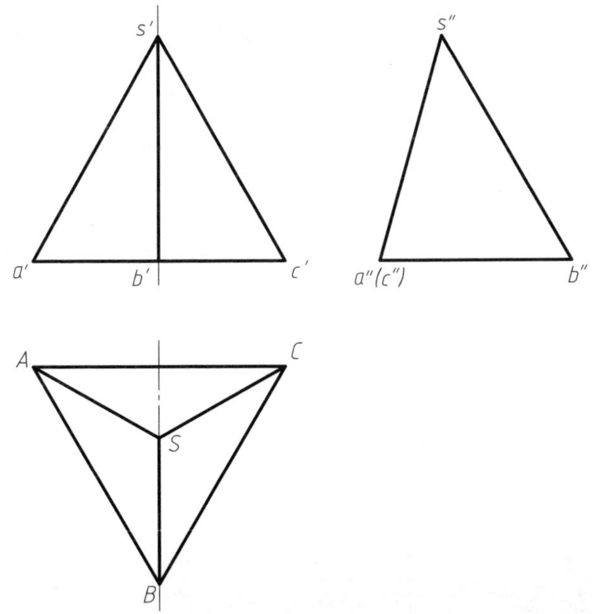

ABCD 是________面，AEK 是________面，ADIK 是________面，DCGI 是________面，BCGF 是________面，ABFE 是________面。	SA 是________线，SB 是________线，SC 是________线；AC 属于________投影面的________线；AB、BC 属于________投影面的________线。

第三章　形体正投影和轴测投影

一、填空

1. 基本体的形状由其________所决定，按其表面性质不同可分为________和________。

2. 直面基本体全部表面都是________；曲面基本体的表面则________或________是曲面，如________、________、________、________。

3. 画棱柱的三面投影，先画出反映________的底面投影，然后再按投影关系和棱柱的________画出其他两面投影。

4. 棱锥表面取点可以利用________，无积聚性则可利用________来作图。

5. 圆柱表面上的点必定在圆柱的一条________或一个________上。

6. 圆柱的轴线________某投影面，其投影积聚成________，其他两面投影均为________。

7. 球体表面取点，采用________。先在圆球面上取________，然后再在________上取点。

8. 组合体可以理解成是________的组合，其组合的方式一般可以分为________、________、________三种。

9. 切割立体的平面称为________。平面与立体表面的交线称为________。

10. 用平面切割棱柱时，其________是截平面与立体表面的共有线，它是一个封闭的________。

11. 画直面体的截（断）面实质是求画________与________。

12. 画平面与曲面立体相交的截断面，需找出截交线上的________，再用光滑________相连。

13. 当截平面倾斜于圆柱轴线时，其截断面是________。

14. 截平面倾斜于圆锥的轴线，与素线都相交，其截断面是________。

15. 平面与圆球相交，其截交线始终是________。

16. 形体分析法就是把组合体________成若干个简单的基本体，分析这些基本体的________、________，从而得到组合体完整形象的方法。

17. 组合体画图原则是用________的投影图把形体的形状完整、清晰和准确地表达出来。

18. 组合体画图的方法包括确定形体的________、选择形体的________和确定投影图的________。

19. 组合体画图的步骤：先画________，画出各基本体的投影，组成完整的组合体视图，检查无误后，________。

20. 根据投影方向与轴测投影面的________以及________，轴测图分为________投影、________投影。

21. 正等轴测图置于形体上的三个坐标轴与轴测投影面的倾角都________，$\angle X_1O_1Y_1=\angle X_1O_1Z_1=\angle Y_1O_1Z_1=$________。

22. 正等轴测图为了作图方便，常采用________的轴向伸缩系数，令 $p=q=r=$________。

23. 画轴测图的基本方法有________、________、________。

24. ________是把基本体分解成若干个________，依次将各个基本体按相对位置________画出。

25. ________适用于由基本体经________而得到的形体。以________为基础，先画出________的轴测投影，________不存在的部分。

26. 圆正等轴侧图常用的近似画法是________。

27. ________在视觉效果上使人感觉形体的纵深比实际长得多，常采用________，其轴间系数 $p=r=1$、$q=0.5$。

28. 水平斜轴测图又称为________，适用于绘制水平面上具有较复杂形状的形体、________、________以及区域的________等。

二、基本体练习

1. 根据直面基本体两面投影，求作第三投影。

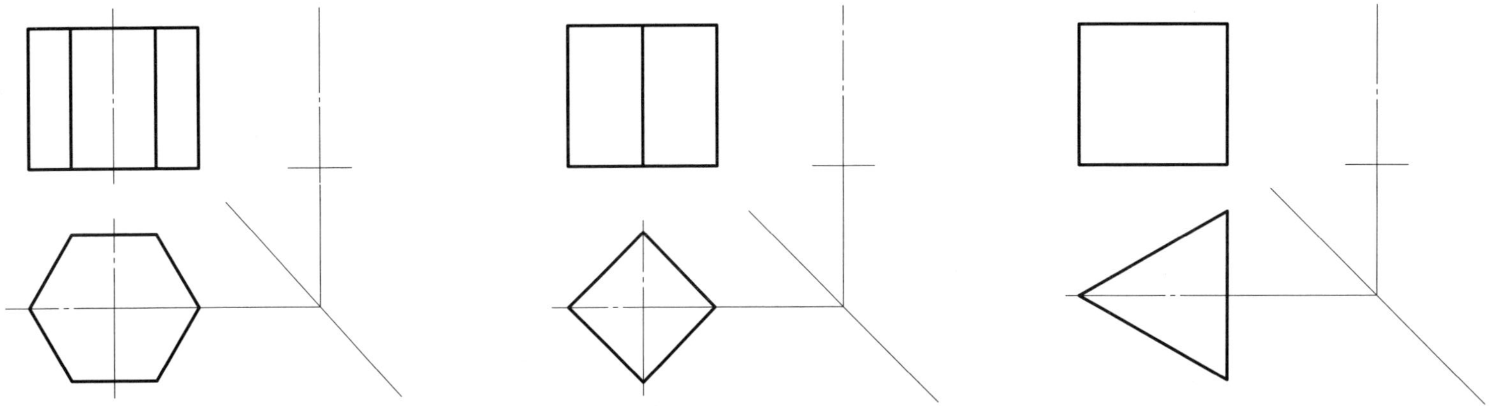

2. 根据直面基本体的投影，求作其表面点的其余投影。

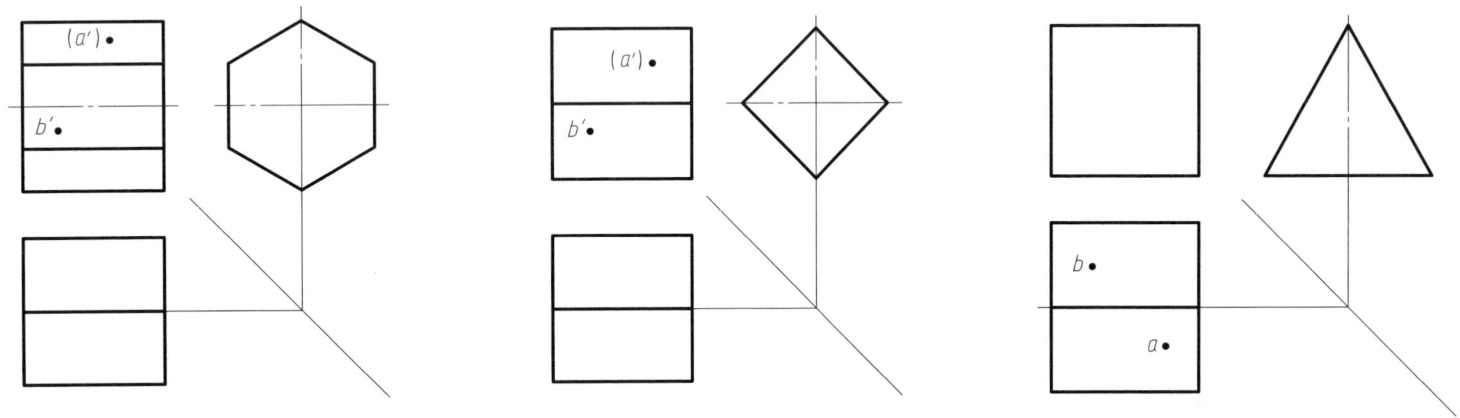

3. 根据直面基本体的两面投影，求作第三投影。

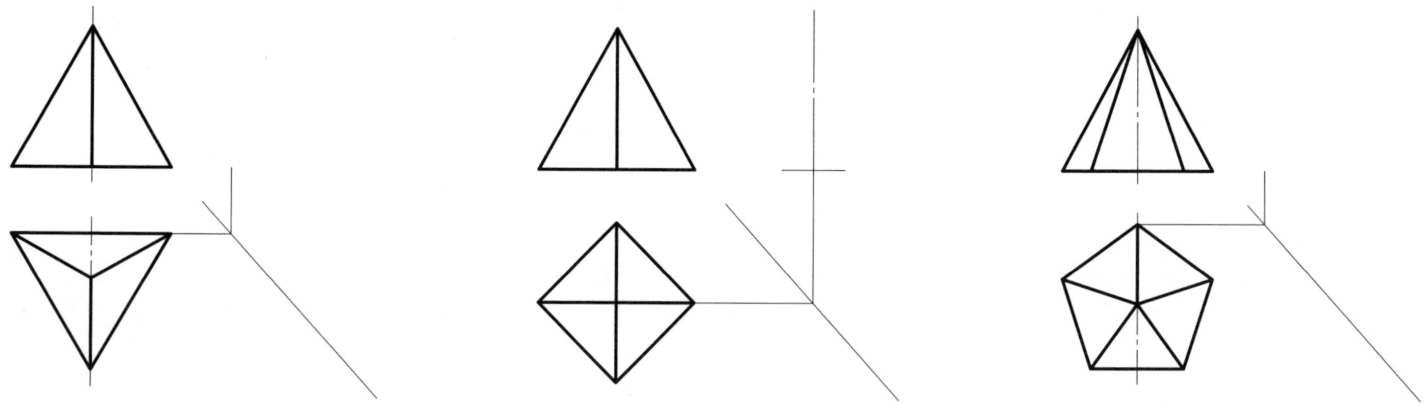

4. 根据直面基本体的投影，求作其表面点的其余投影并用细双点画线连接起来。

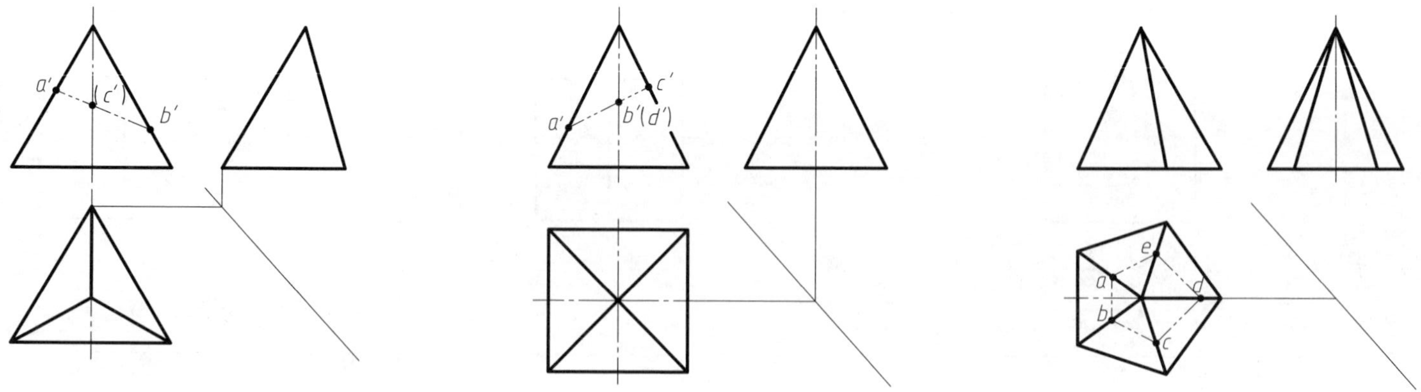

5. 根据曲面基本体的两面投影，求作第三投影。

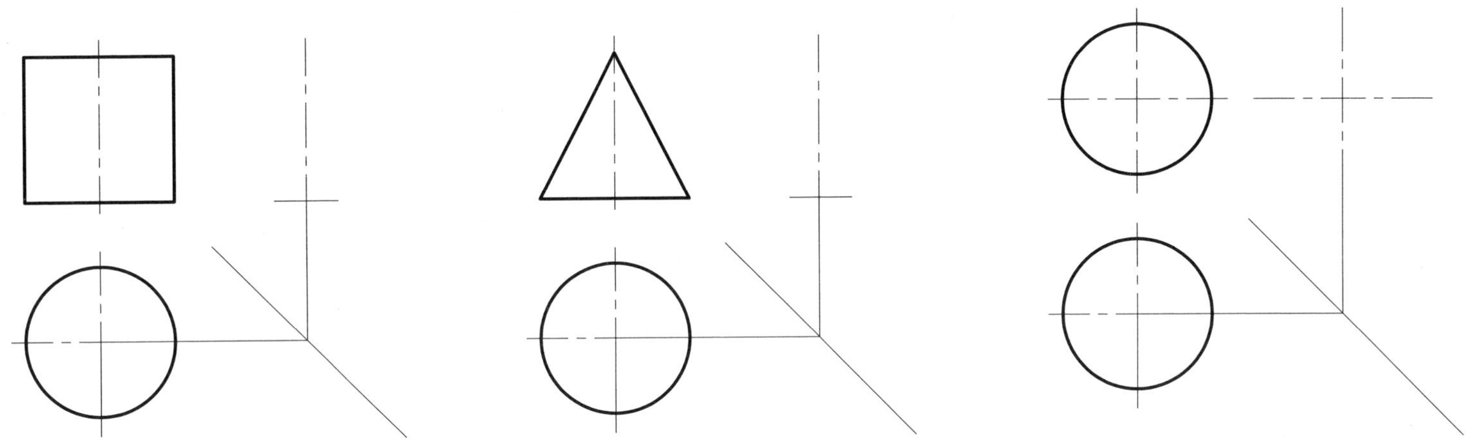

6. 根据曲面基本体的投影，求作其表面点的其余投影。

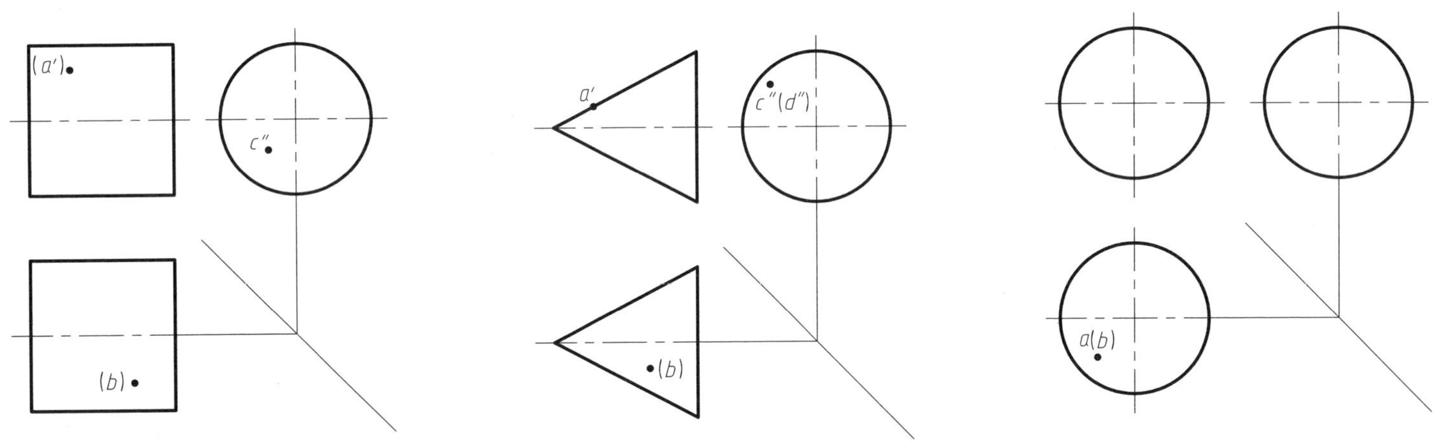

三、完成直面体被截断后的三面投影

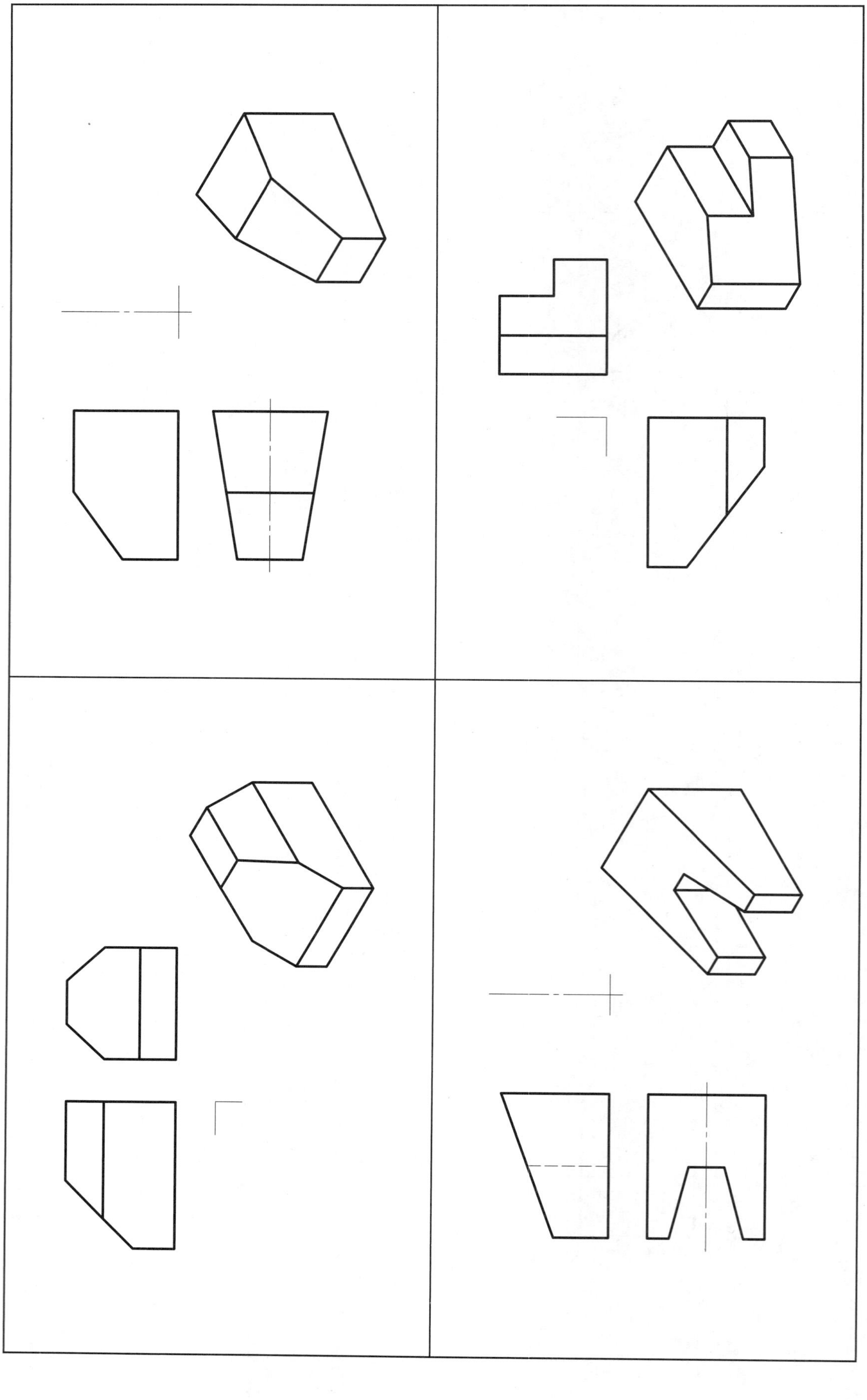

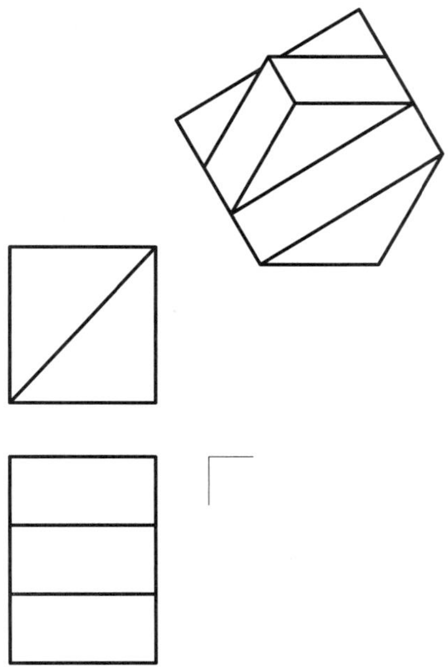

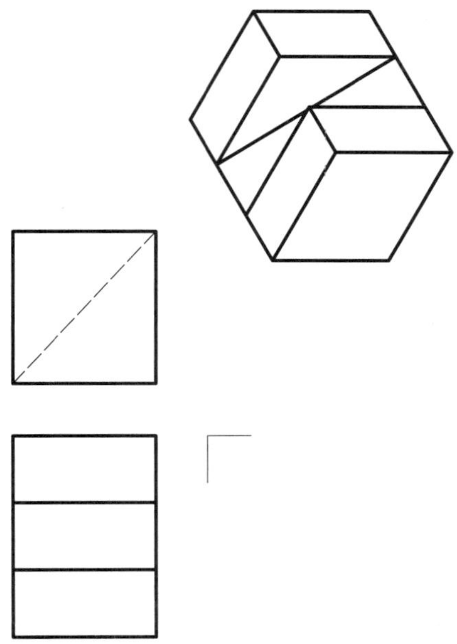

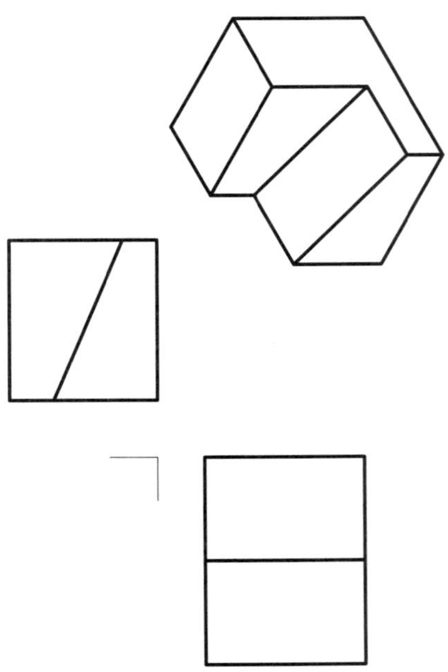

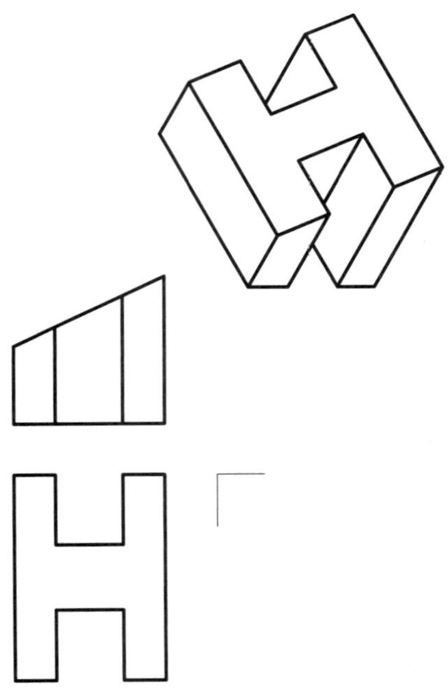

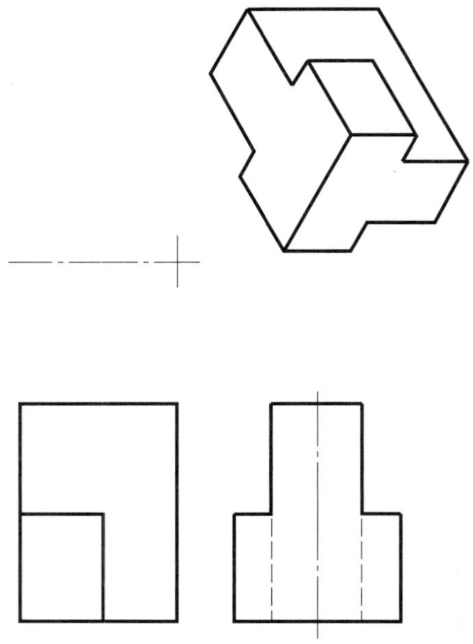

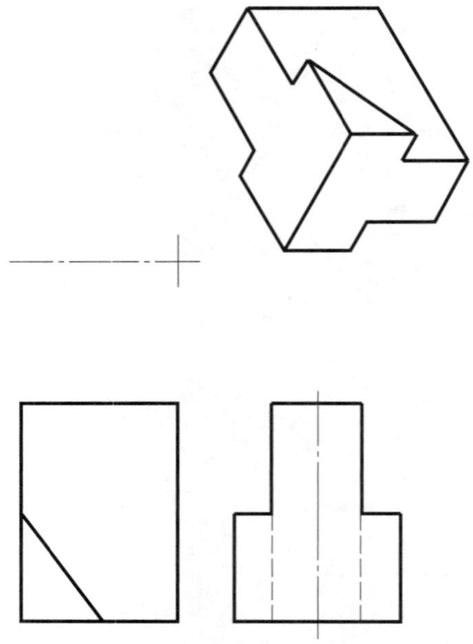

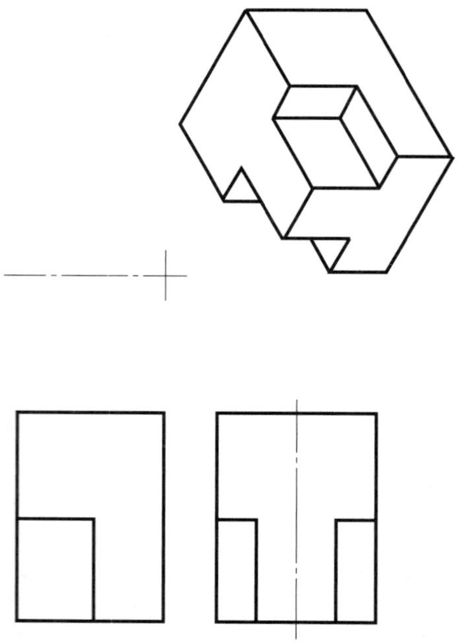

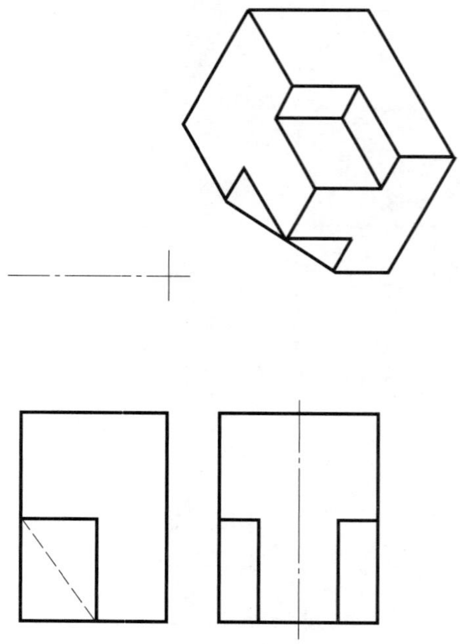

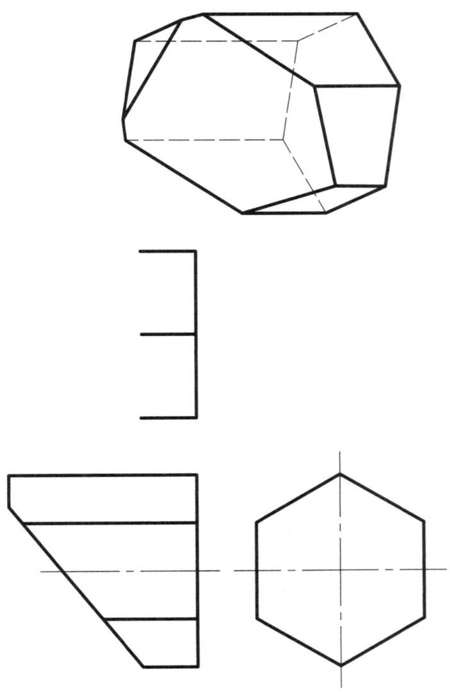

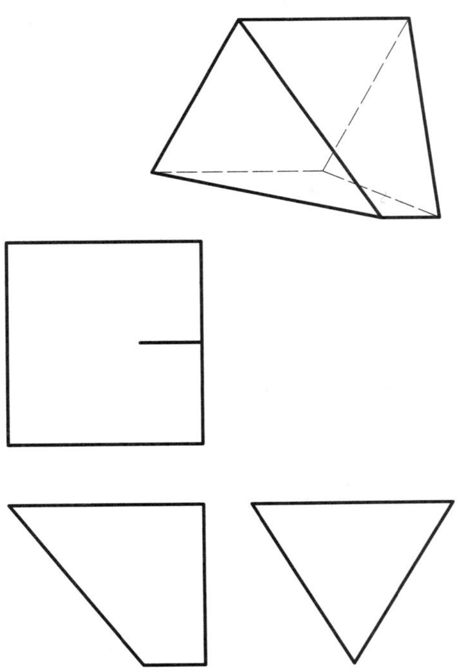

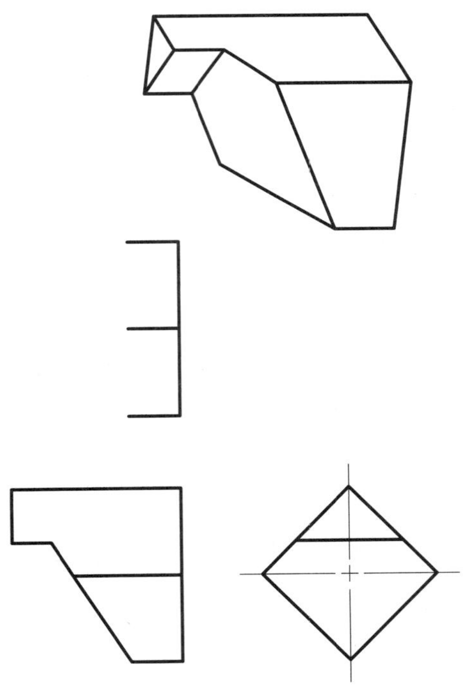

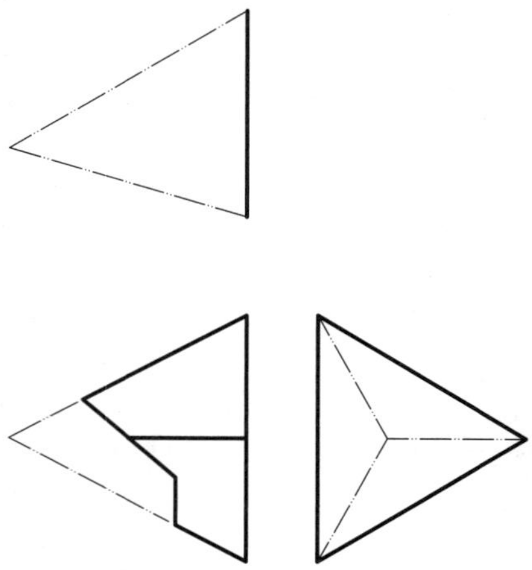

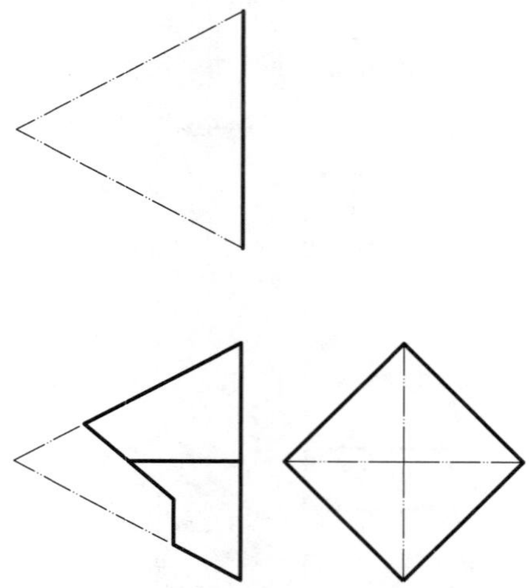

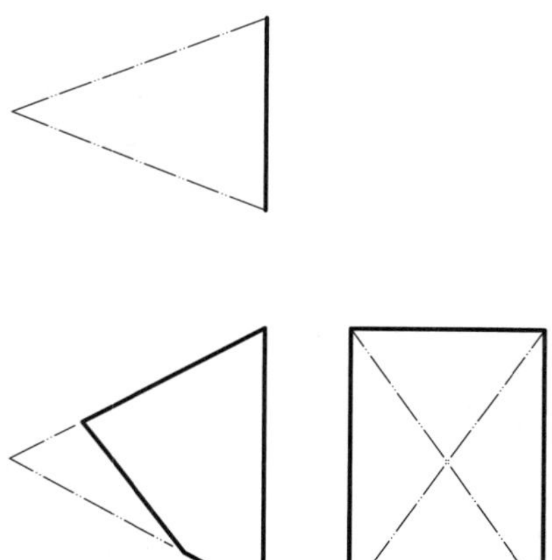

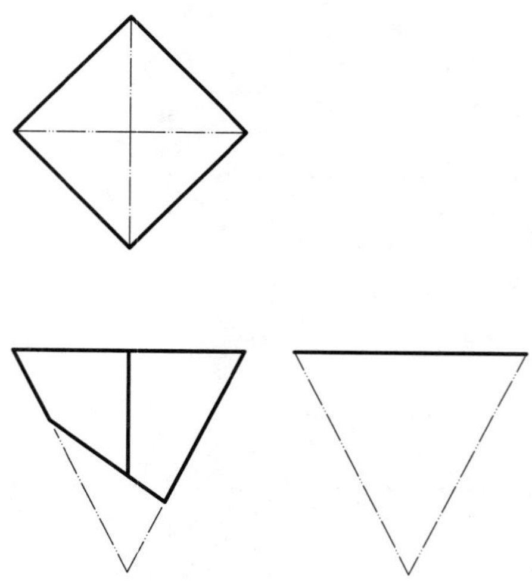

四、完成曲面体被截断后的三面投影

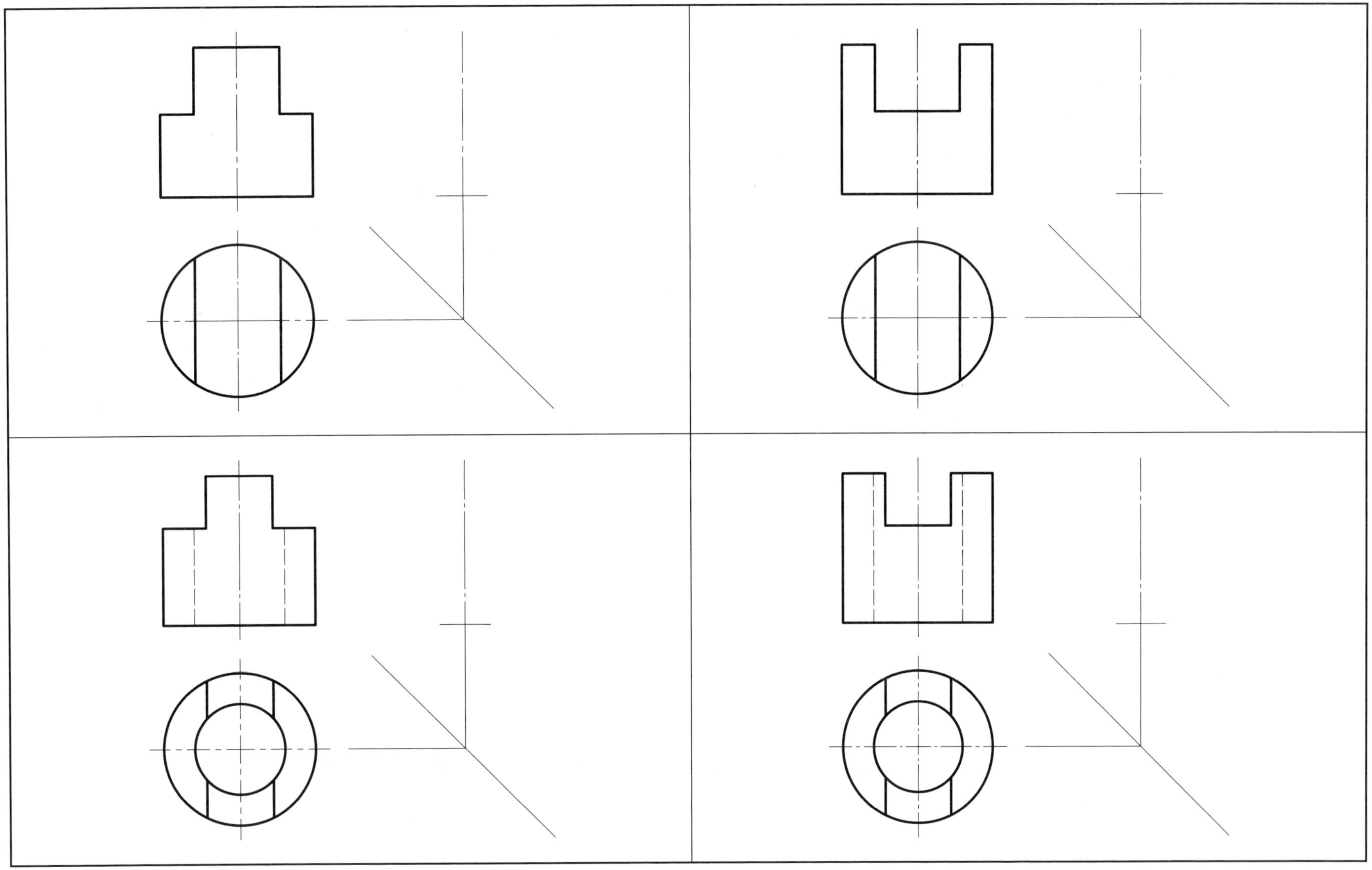

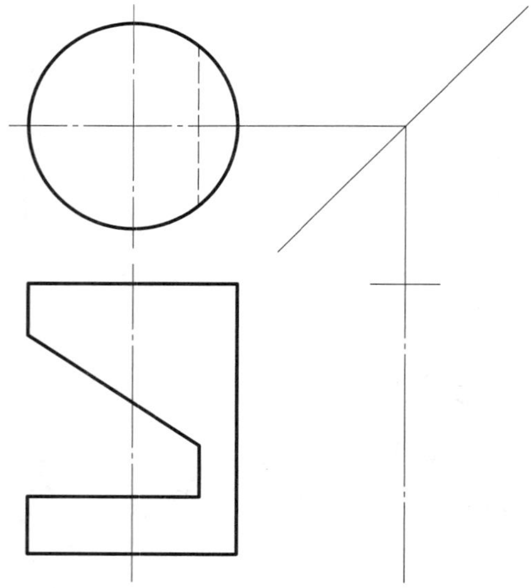

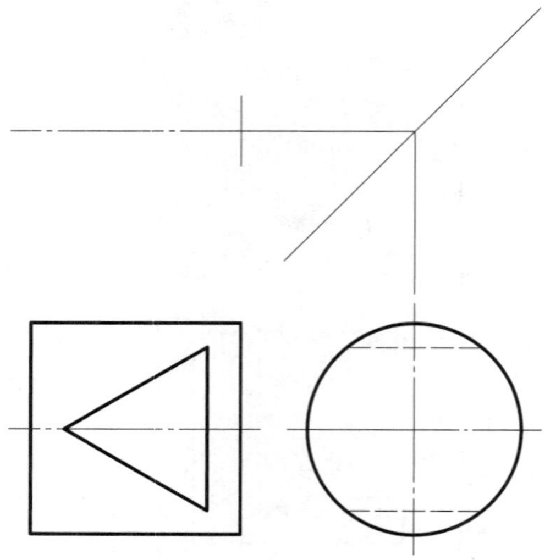

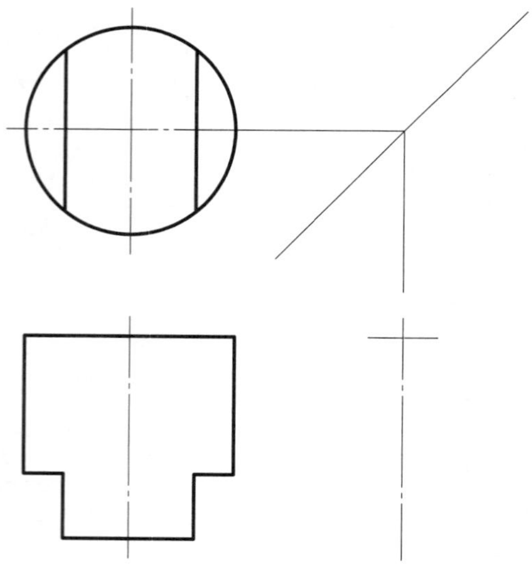

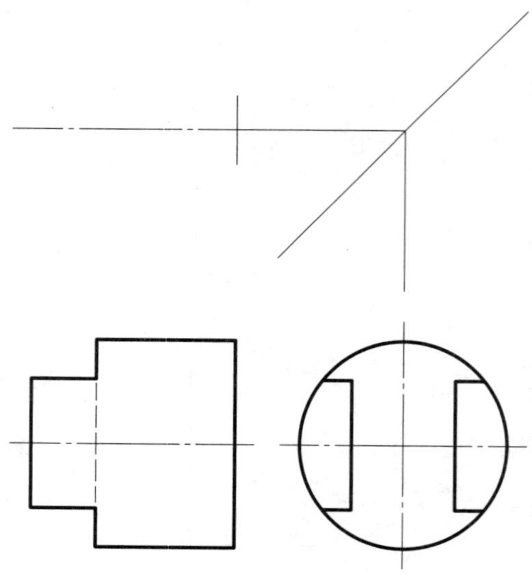

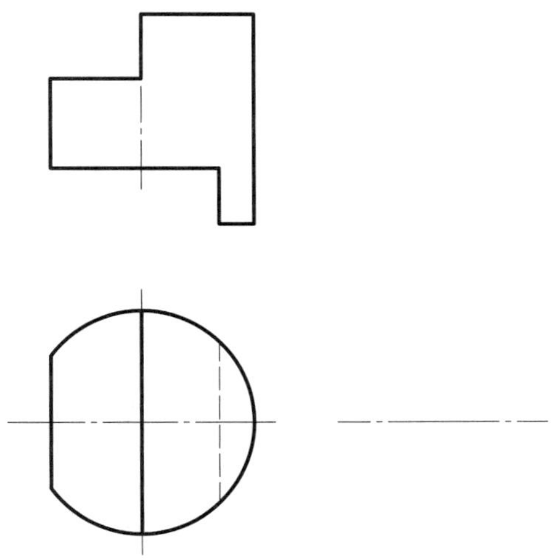

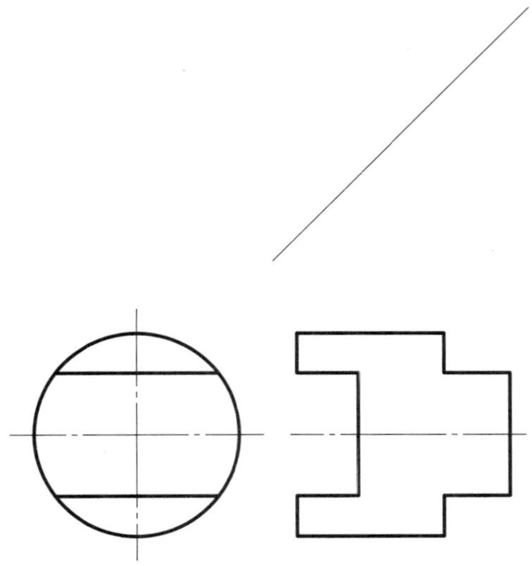

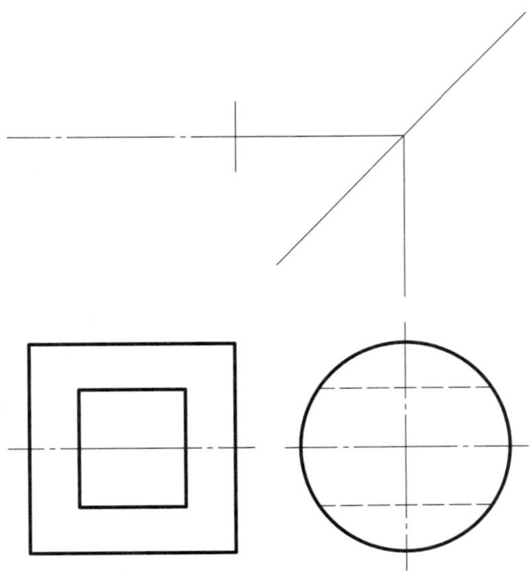

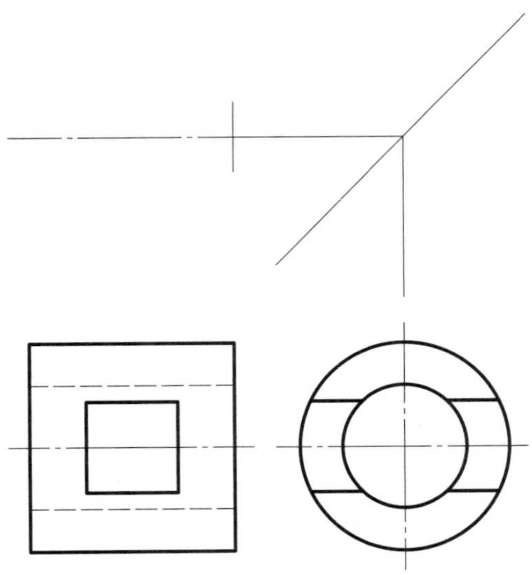

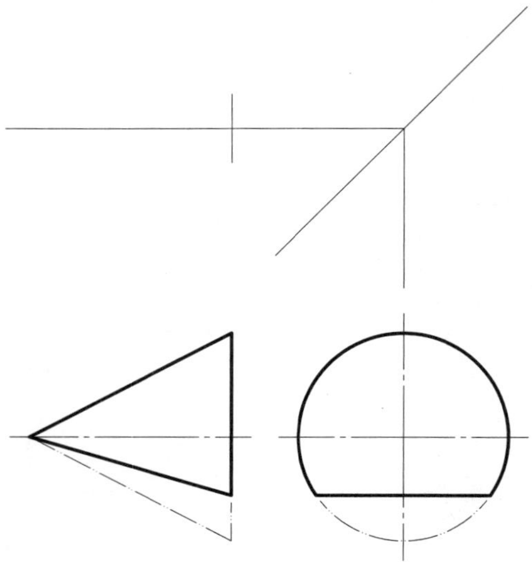

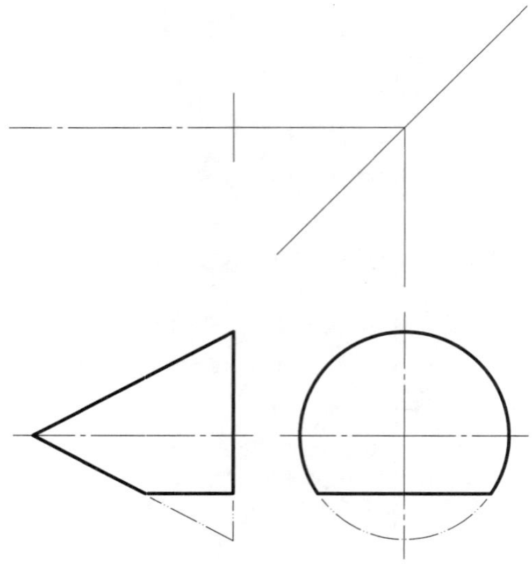

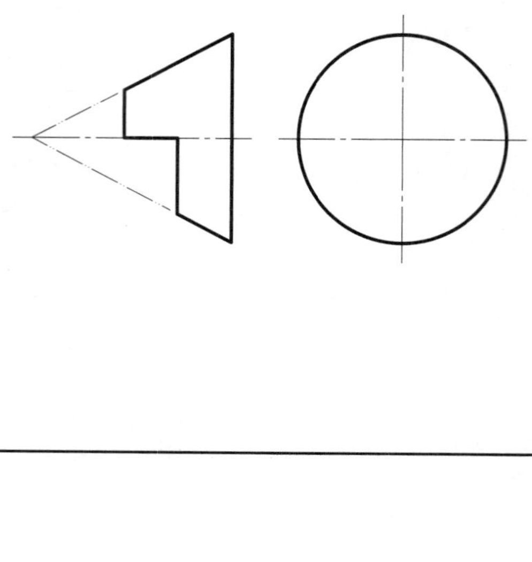

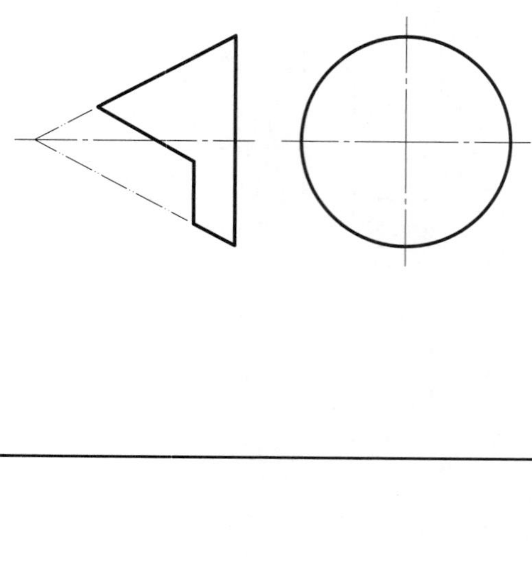

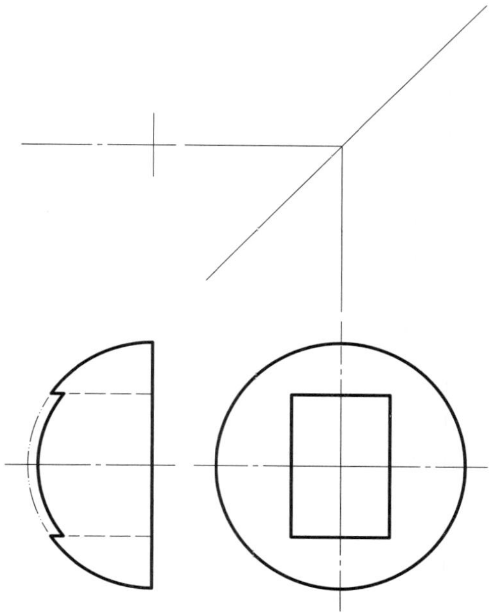

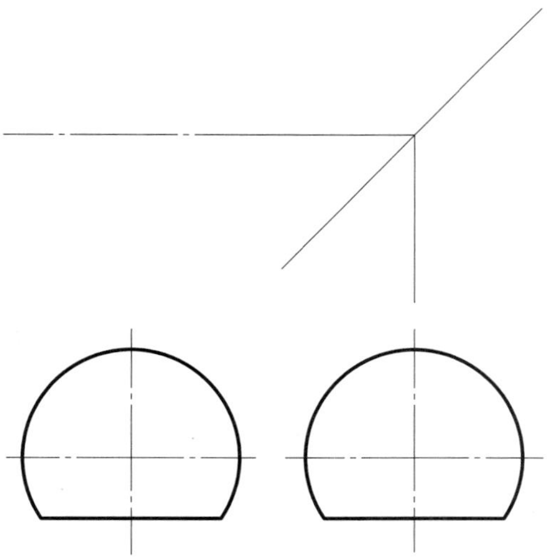

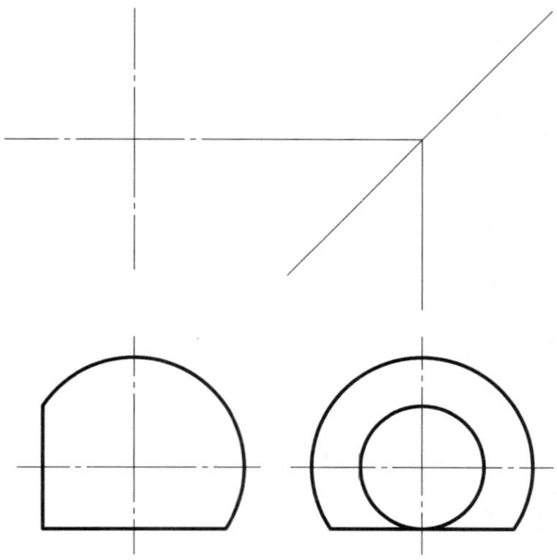

五、补画出三视图中漏画的图线

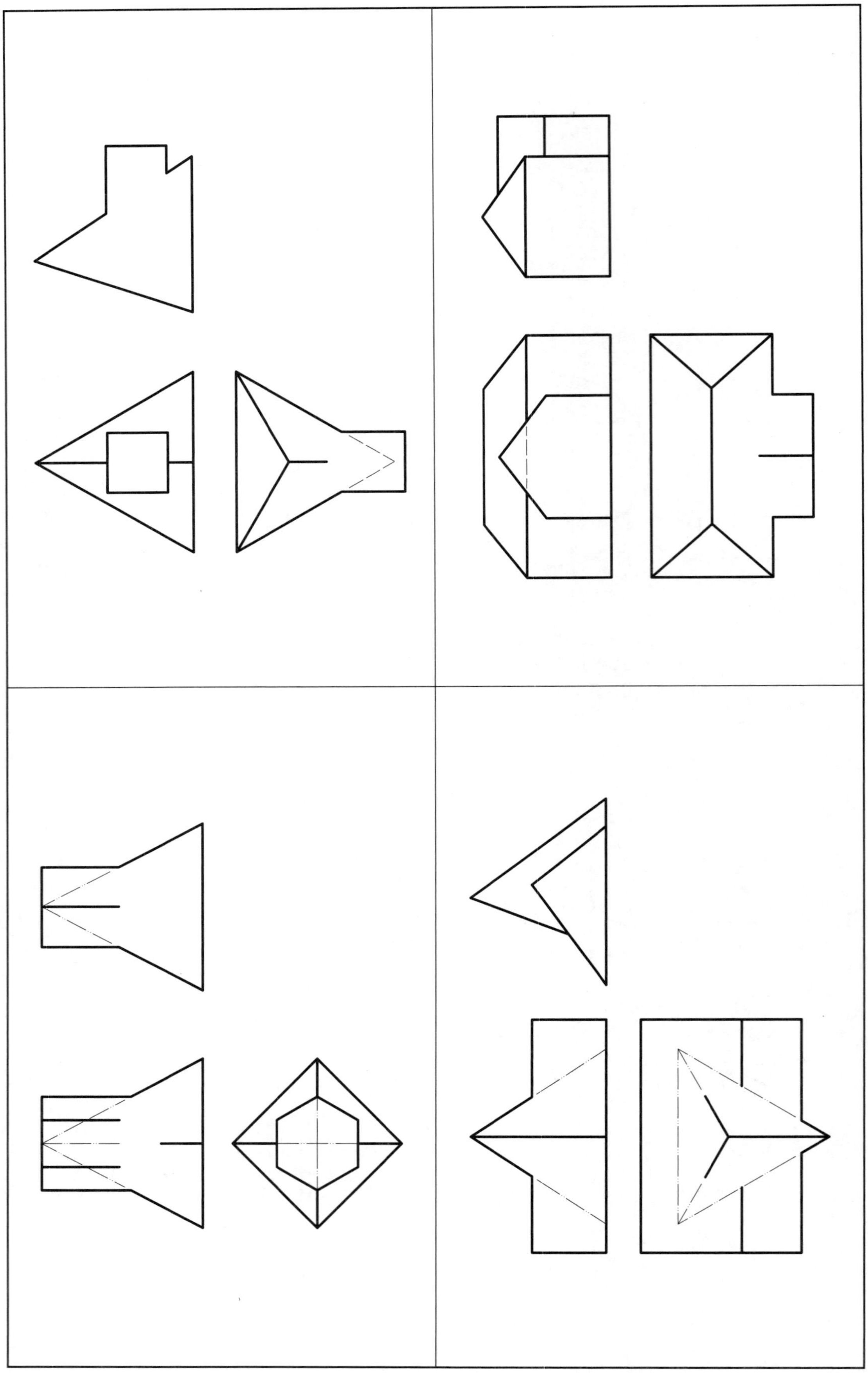

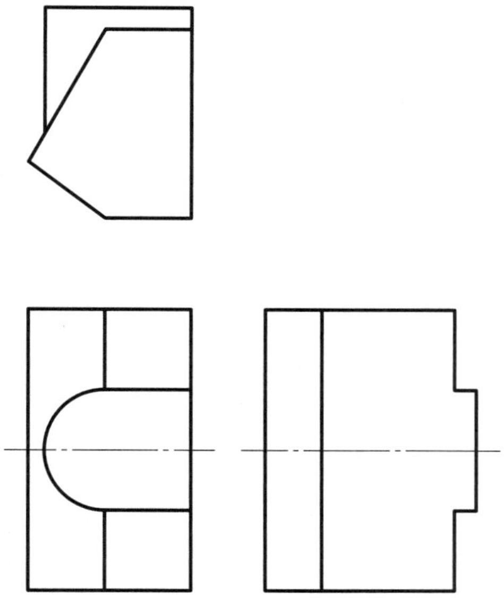

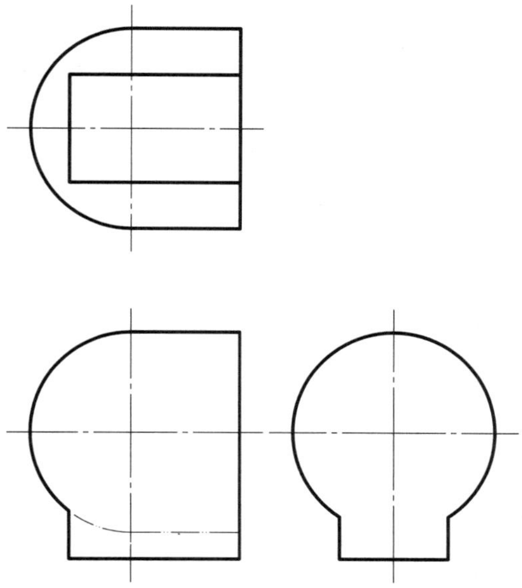

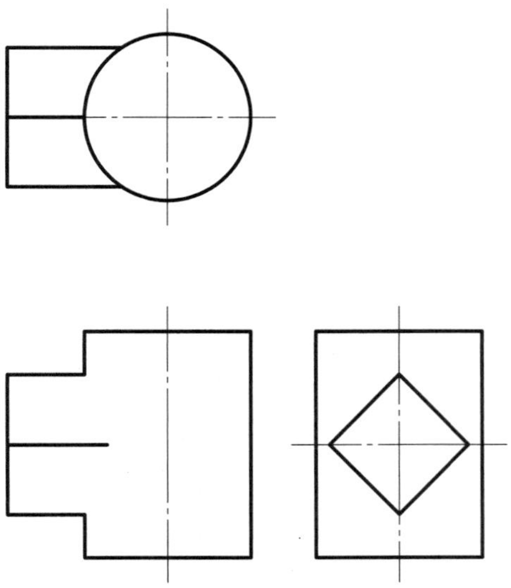

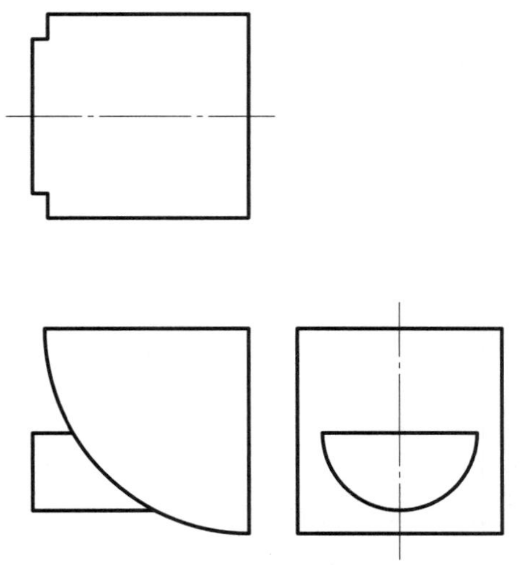

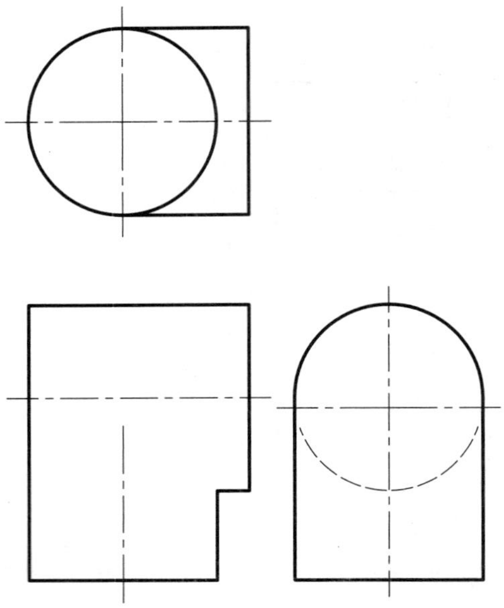

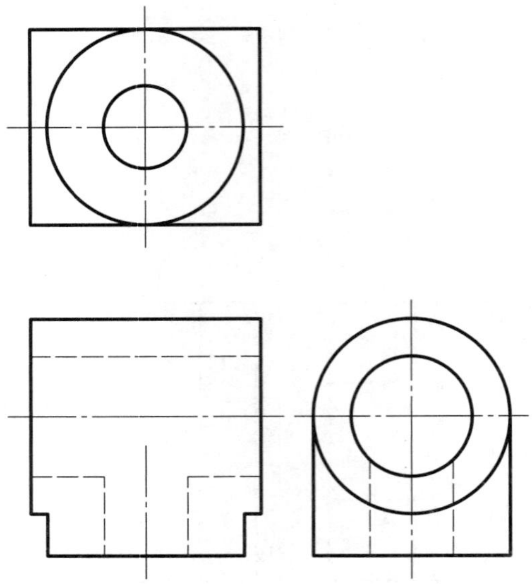

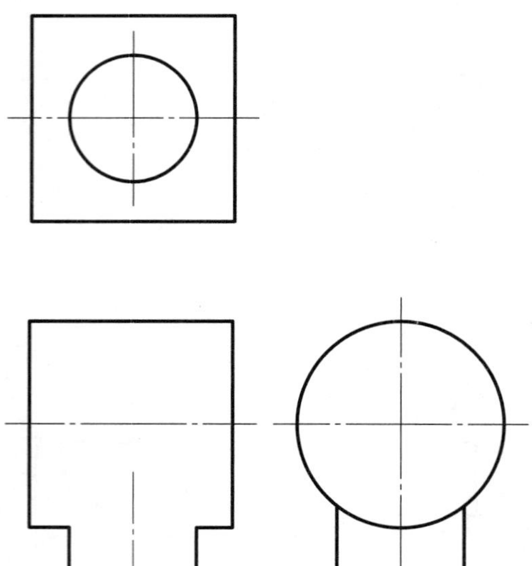

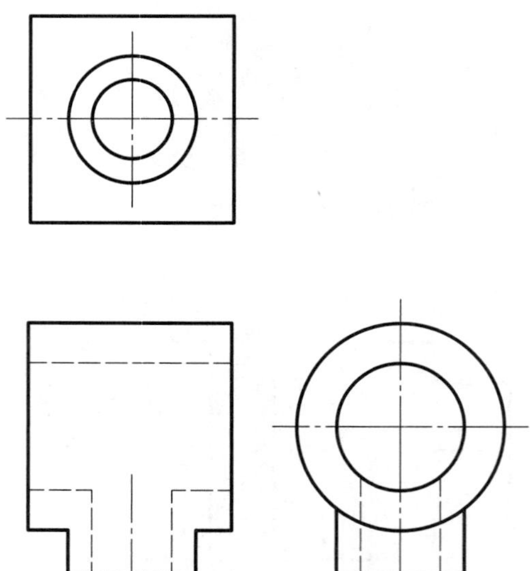

六、根据形体的外观图和尺寸，在 A4 图纸上按 1:1 的比例画出三视图

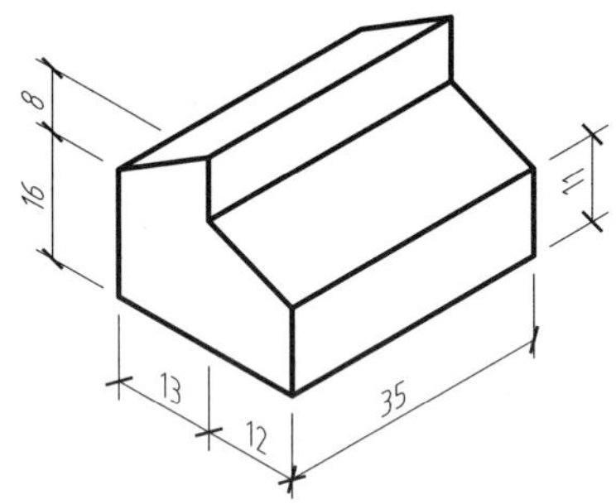

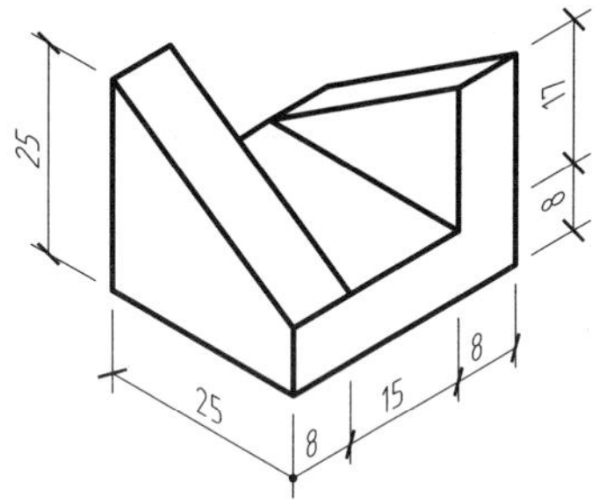

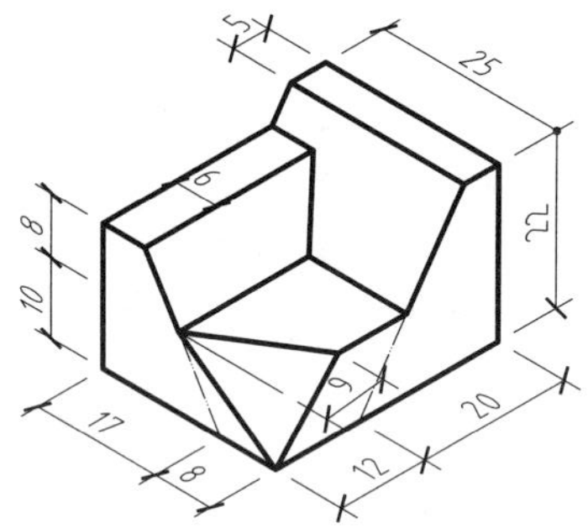

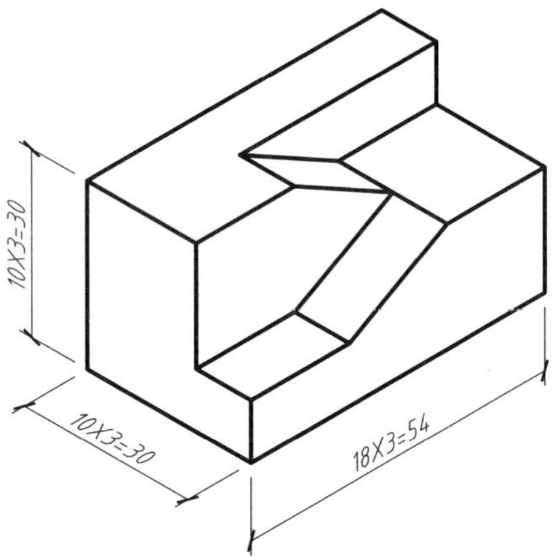

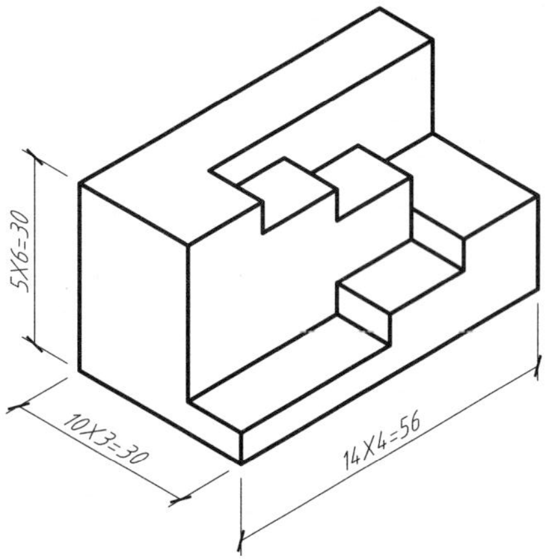

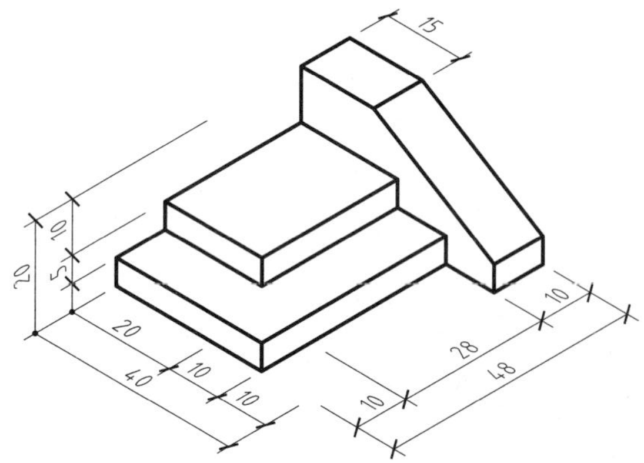

七、根据给出的视图，画出正等轴测图（尺寸从视图中量出）

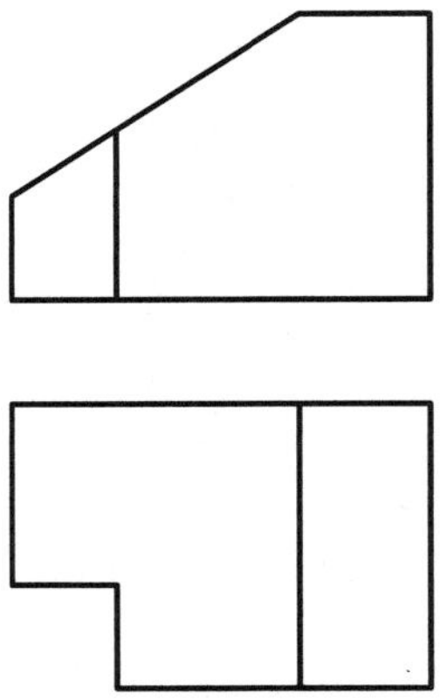

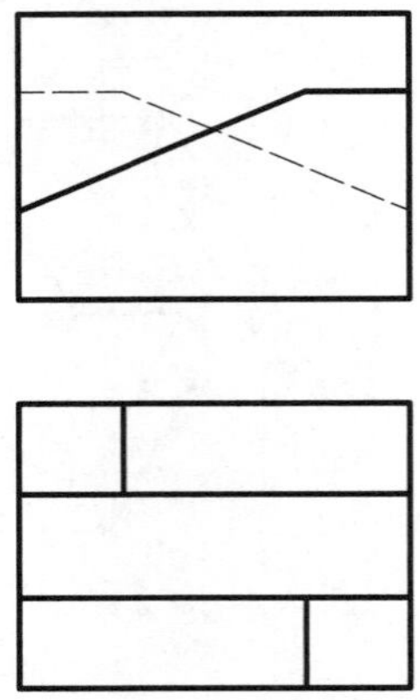

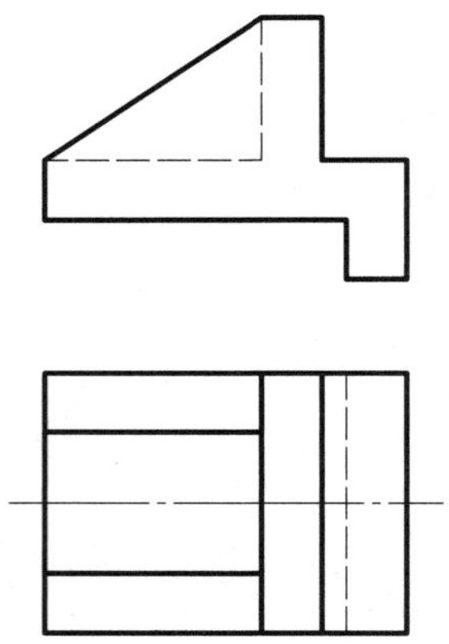

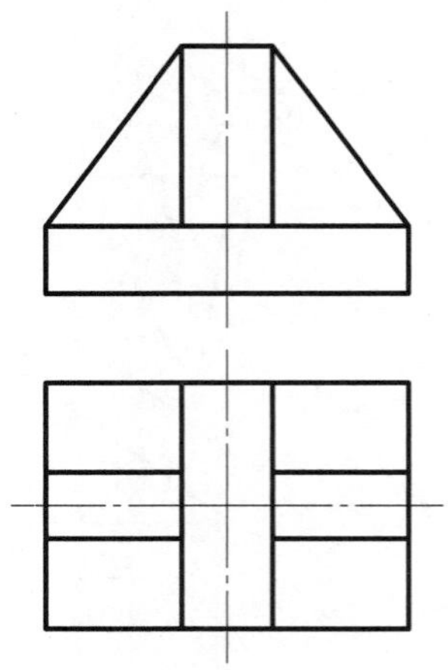

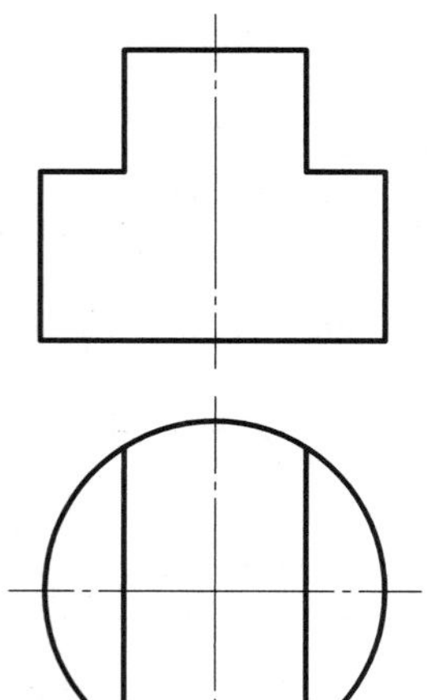

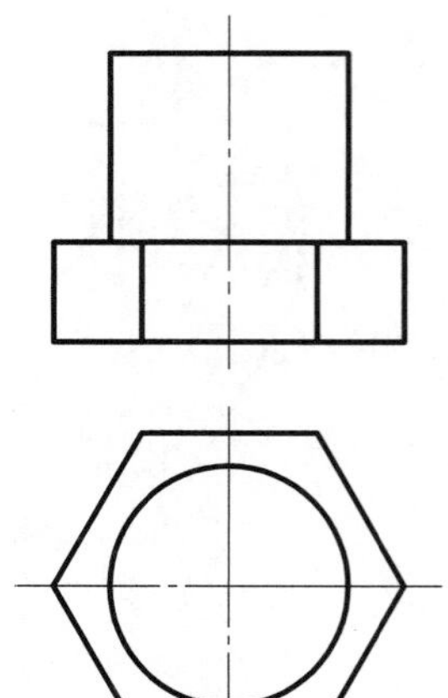

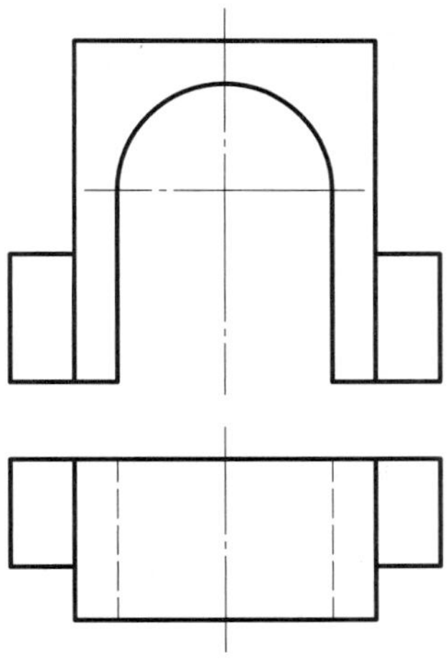

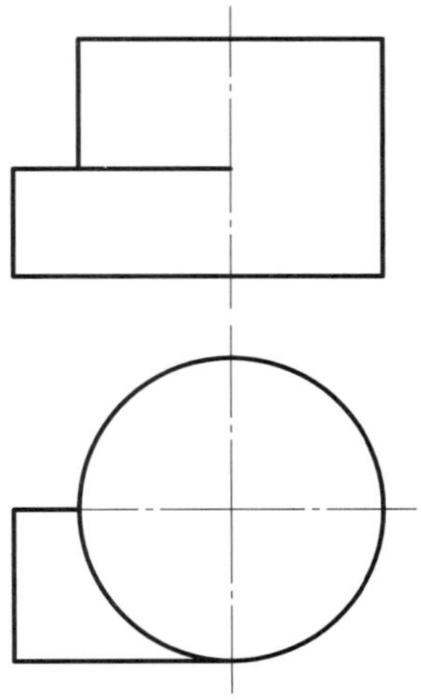

八、根据给出的视图，画出斜二轴测图（尺寸从视图中量出）

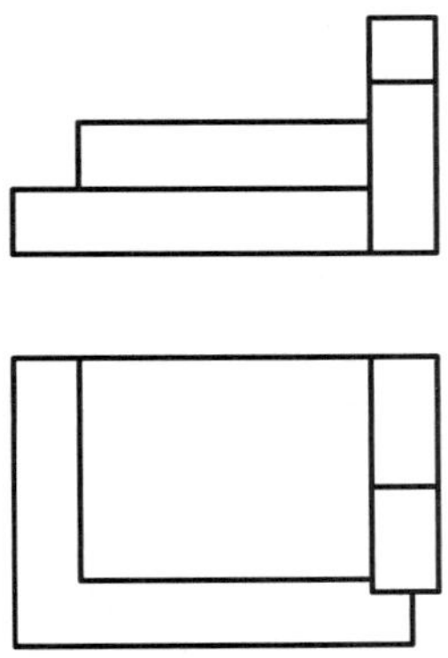

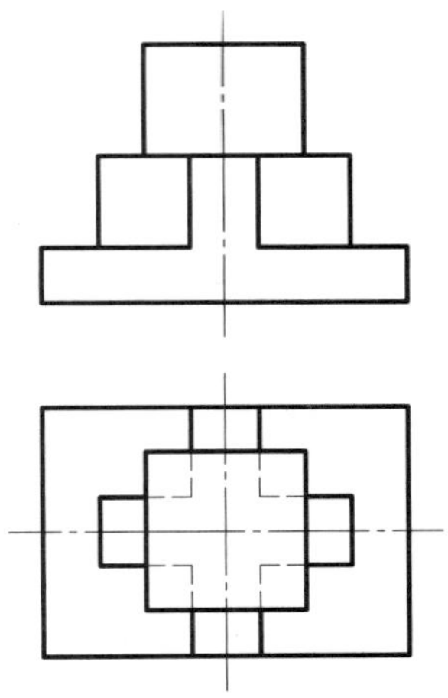

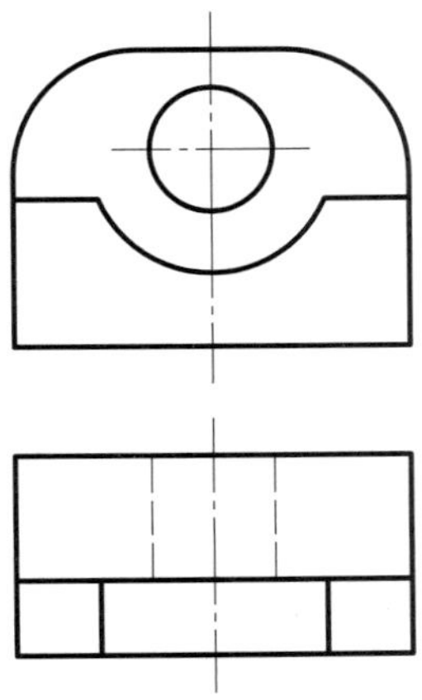

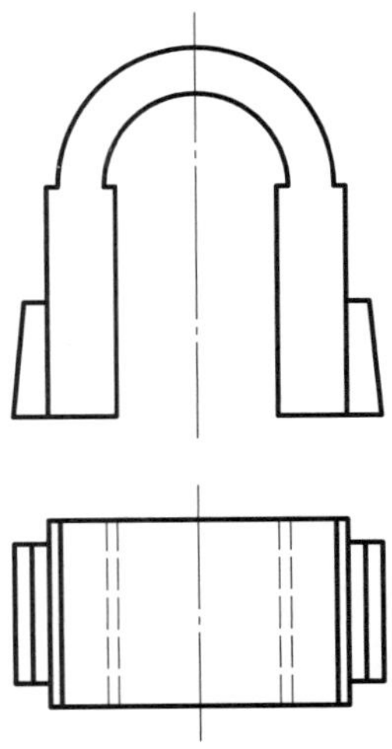

九、根据给出的视图，画出水平斜二轴测图（尺寸从视图中量出）

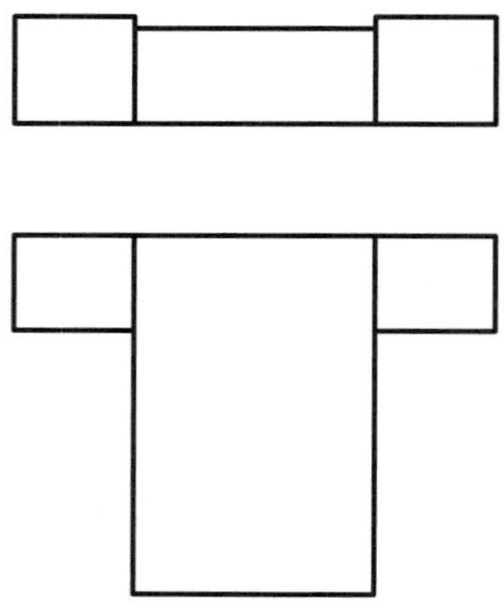

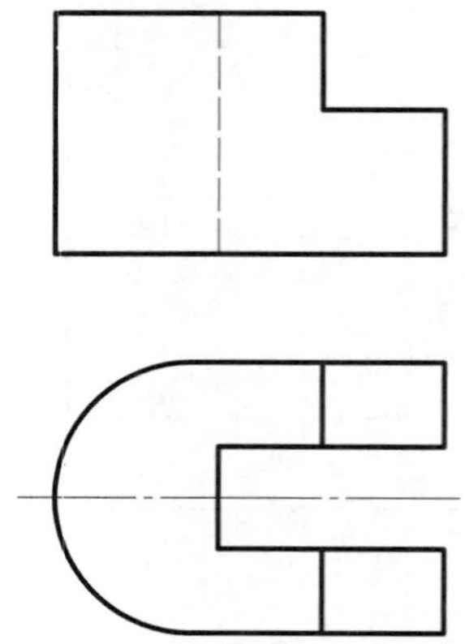

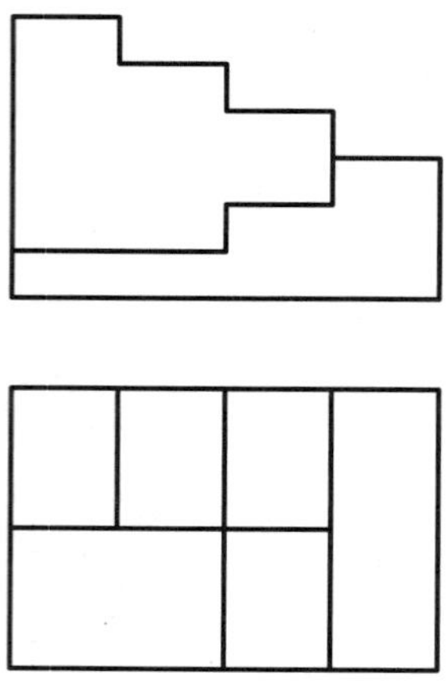

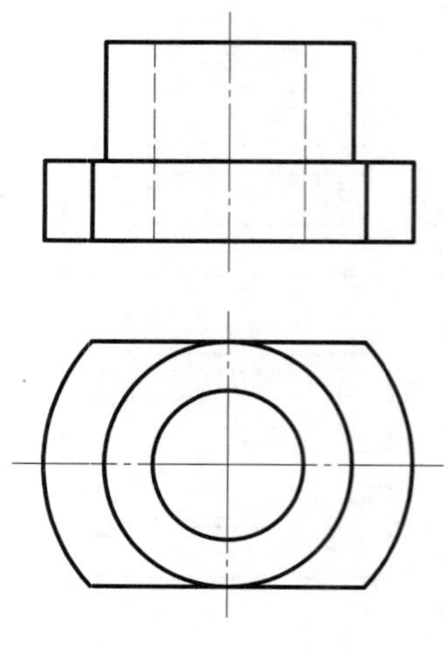

第四章　形体投影表达方法

一、填空

1. 建筑行业中，通常把向 H 面投影所得的视图称为________，V 面投影所得的视图称为________，W 面投影所得的视图称为________；向新增的 H_1、V_1、W_1 面投影所得的视图分别称为________、________、________。

2. 当采用一定数量的基本视图，尚未能清楚表达形体的________，又没必要再画出完整的基本视图时，可单独将____________向基本面投影，所得视图是一个不完整的视图，称为____________。

3. 局部视图的范围应以视图的________和________组合表示；当表示的局部结构形状完整，且轮廓线封闭时，______________可省略。

4. 展开视图是为了表达________于基本投影面那部分的真实形状的需要。

5. 镜像投影常用来反映室内________的装修、灯具，或古代建筑中室内房顶上________等构造情况。

6. 根据不同的剖切方式，剖面图有__________、__________、__________、__________和__________。

7. 全剖面图一般用于________，或虽对称但外形简单、________的形体。

8. 半剖面图以对称线为分界，一半画成________，另一半画成________。

9. 当对称线竖直时，半剖面图习惯将半个剖面图画在对称线的________；当对称线水平时，将半个剖面图画在对称线的________。

10. 一个剖切平面不能将物体内部显示出来时，可用________互相平行的剖切平面将形体剖切开，这就是________。

11. 局部剖面图适用于________都需要表达且又不具备________的形体。

12. 旋转剖面图常选取其中一个剖切平面________于投影面，另一个与这个投影面________。

13. 剖切位置线用________mm的________绘制，并且不宜与图形上的图线相接触。

14. 在断面轮廓线内填绘建筑材料图例，如果不清楚建筑物的材料，可用________来表示。

15. 断面图只需画出物体被剖切后________。

16. 根据断面图在图形中的位置分为________断面图、________断面图和________断面图。

17. 当图形对称时，可只画出对称图形的________或________，并在对称中心线上画上________。

18. 对称符号是用________绘制的两条平行线，其长度为________mm，平行线间距为________mm，画在对称线的________。

19. 当物体上具有多个完全相同且连续排列的构造要素时，可仅在________或________画出少数几个要素的完整形状，其余部分以________________或________________表示。

20. 较长的构件，如果沿长度方向的形状________或________，可只画物体的________，而将________省去不画。

21. 同一构件如绘制的位置不够时，可将该构件__________绘制，再用__________表示相连。

二、视图练习

按投影关系配置，补全六面视图。

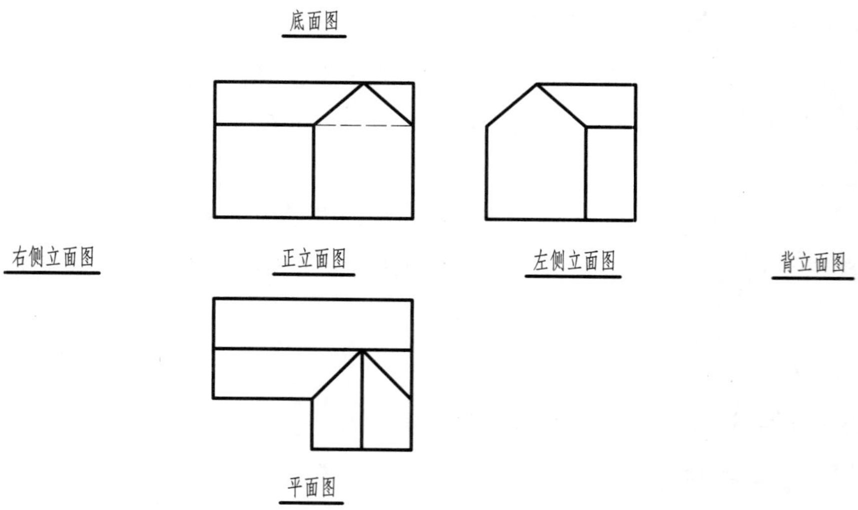

按投影关系配置，补全六面视图。

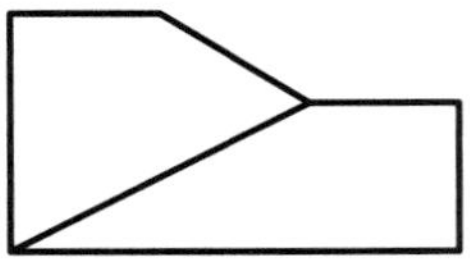

正立面图

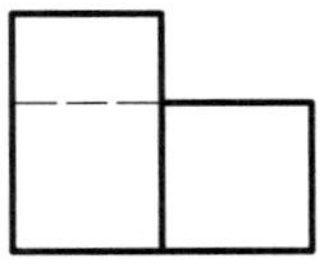

左侧立面图

右侧立面图

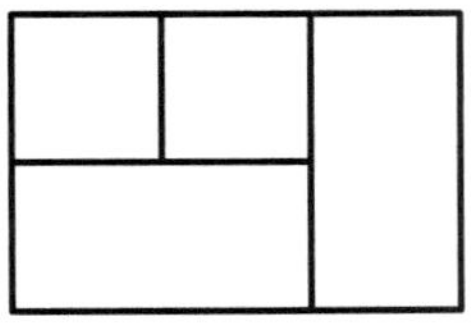

平面图

底面图

背立面图

把建筑形体的正立面图改画成“正立面图（展开）”。

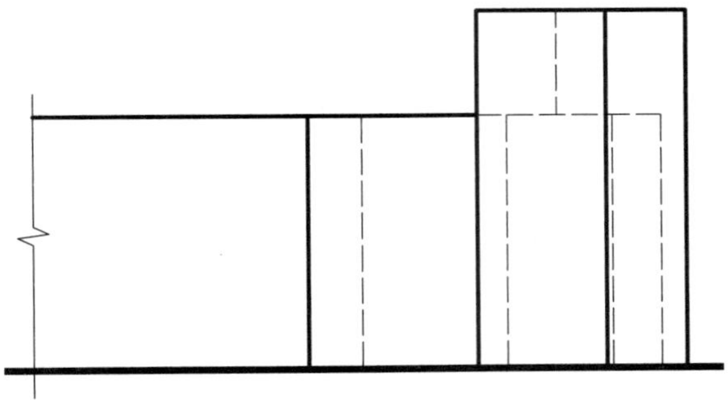

正立面图

正立面图（展开）

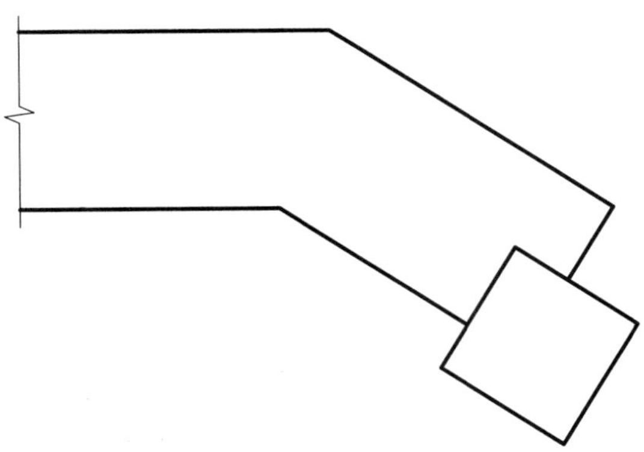

平面图

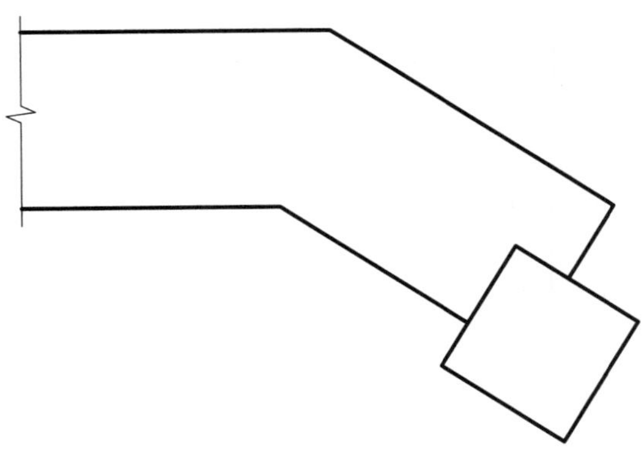

平面图

三、剖面图练习

补画出下图的 2—2 剖面图。

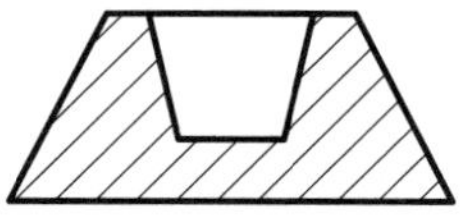

1—1剖面图

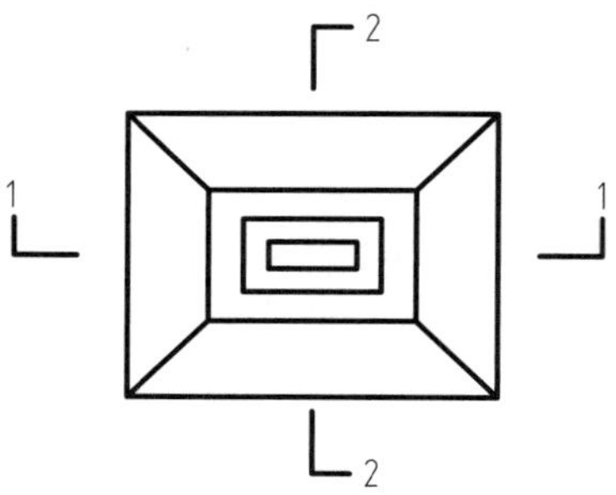

补画出下图的 2—2 剖面图。

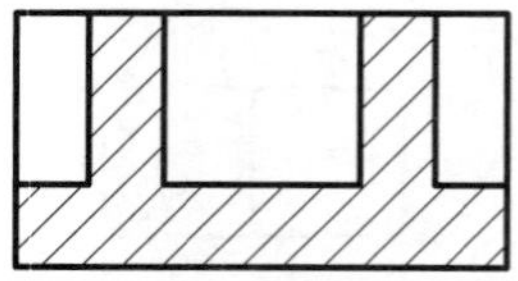

1—1剖面图

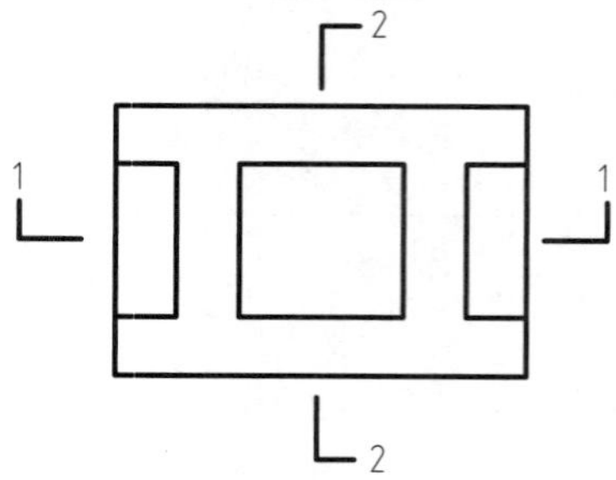

补画出下图的 2—2 剖面图。

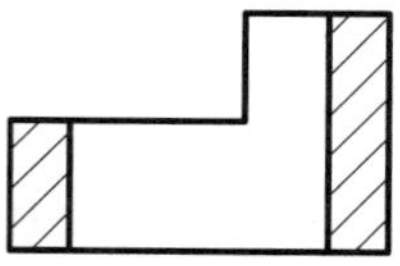

1—1剖面图

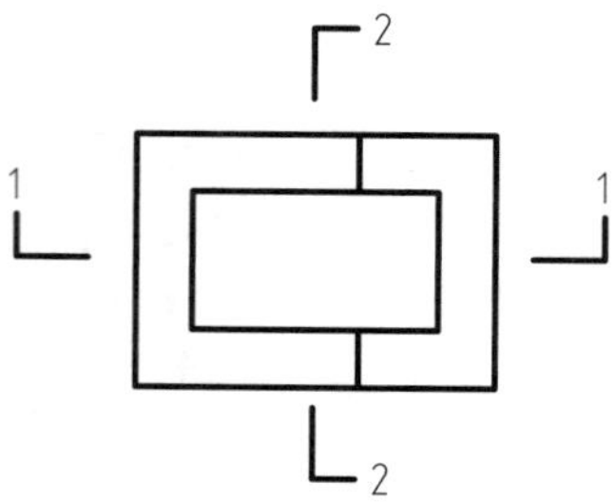

补画出下图的 2—2 剖面图。

1—1剖面图

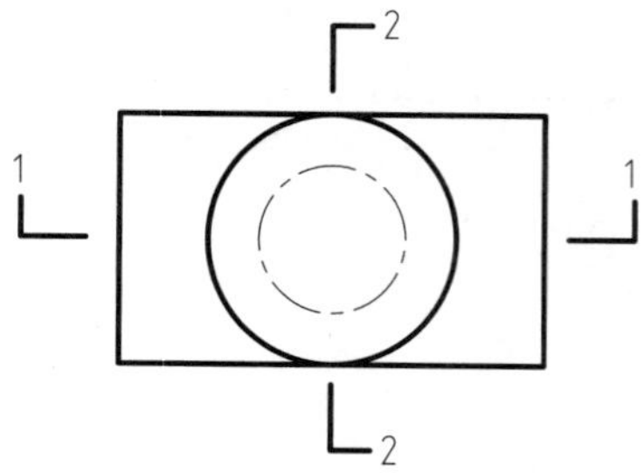

补画出下图的 1—1 剖面图。

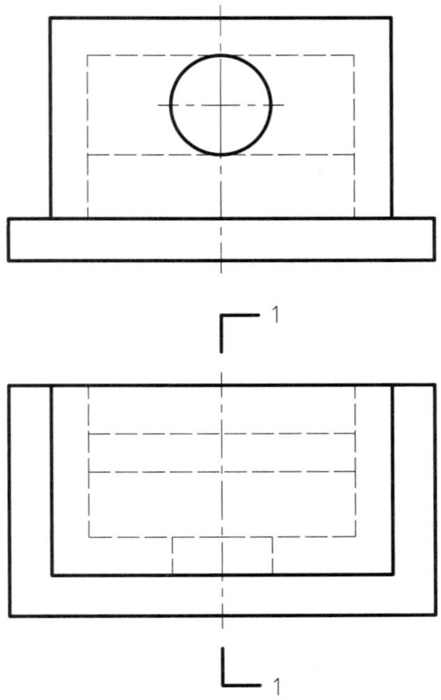

补画出门洞与台阶的 1—1 剖面图。

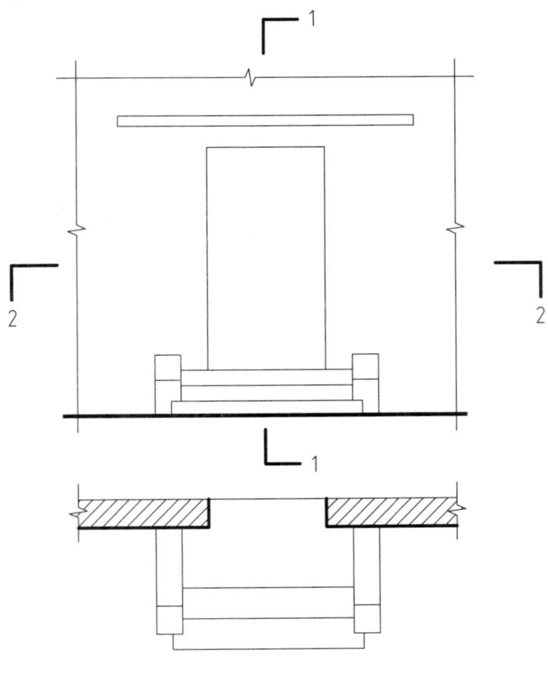

2—2剖面图

注：雨篷的宽度与台阶平齐。

四、断面图练习

画出钢筋混凝土梁 1—1、2—2 移出断面图，以及中段位置的重合断面图。

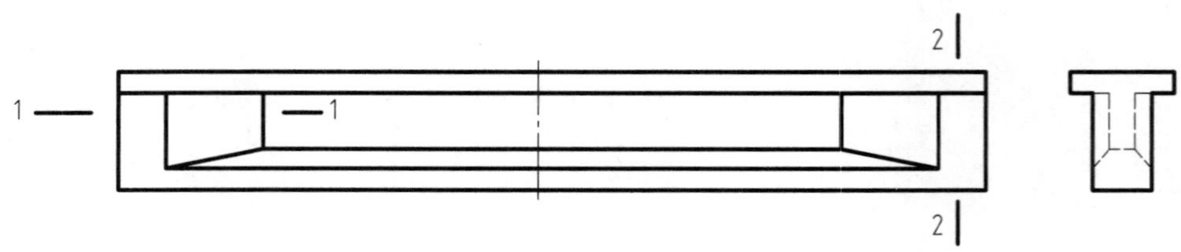

画出钢筋混凝土柱的 1—1、2—2、3—3 移出断面图。

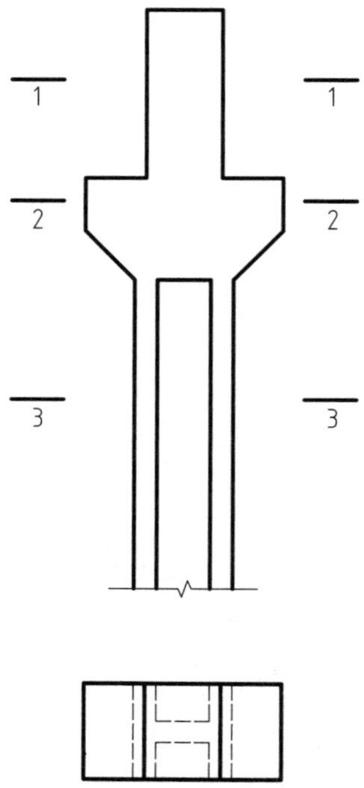

第五章　建筑施工图

一、填空

1. 木结构适用于______；混合结构建筑的识别特征是______，楼板和层顶是______钢筋混凝土结构适用于______。

2. 屋顶、墙、雨篷等的作用是______，______的作用是排水。

3. 建筑施工图简称______，主要表示______、______、______、______。

4. 建筑施工图用来表现建筑的位置、______、构造、______以及有关______与做法等。

5. 轴号用中实线画一个直径为______mm 的圆圈。国标规定，字母______不得用为轴线编号。

6. 相对标高以房屋建筑底层______为测绘零点。

7. 索引符号的编号圆画成直径为______mm 的______圆，详图符号画成直径为______mm 的______圆。

8. 指北针圆圈直径为______mm，用______线画出，尾部宽约______mm，针尖所指为______。

9. 在建筑施工图中，比例______1:50 的平面图、剖面图，砖墙的图例不画斜线。

10. 比例小于或等于 1:100 的平面图和剖面图，______如柱、梁、板等的建筑材料图例可简化为______。

11. 建筑总平面图主要用它说明建筑物的______、______、______、高度以及与______

间的关系。

12. 建筑总平面图常用的比例有 1:500 、 1:1000 、 1:2000 等。

13. 建筑总平面图中，新建建筑物外轮廓线用 粗实线 绘制，新建的道路、桥梁、围墙等用 中实线 绘制，计划扩建的建筑物用 中虚线 绘制，原有建筑物、道路以及坐标网、尺寸线、引出线等用 细实线 绘制。

14. 建筑总平面图标注尺寸以 米 为单位，在图纸 上不需要 写出。

15. 建筑平面图是放线、 砌筑墙体 安装门窗 作 室内装修 及编制预算、 备料 等的基本依据。

16. 首层平面图要画出与建筑有关的________、________、________等投影。

17. 首层平面图无法表达________、________、________等内容。

18. 屋面平面图是用来表达建筑屋顶的________、________位置、________方式、________、________位置等的图样。

19. 建筑平面图中，________、________的断面轮廓用粗实线画出；钢筋混凝土的墙、柱断面用________表示。

20. 建筑平面图中，____________，如________、________、________、________和阳台等用中实线画出；较简单的图样用________画出。尺寸线与尺寸界线、标高、轴号等用________画出。

21. 建筑立面图最外轮廓线用________画出；室外地坪线用加粗线（______b）画出；门窗洞、阳台、台阶、花池等建筑构配件的轮廓线用________画出。

22. 建筑剖面图是建筑物的________剖视，用以表示建筑________的主要________形式、________情况、________做法、________及其高度等。

23. 建筑剖面图剖切位置通常选择通过________、门窗洞、楼梯、阳台和________的地方。

24. 被剖切到的墙、楼面、屋面、梁的断面轮廓线用________画出。钢筋混凝土的梁、楼面、屋面和柱的断面通常用________表示。室内外地坪线用________（______b）表示。

25. 没有剖切到的可见轮廓线，如门窗洞、踢脚线、楼梯栏杆、扶手等用________画出。尺寸线、尺寸界线、图例、引出线、标高符号、雨水管等用________画出。

26. 建筑详图（或称________）是根据施工需要而________比例绘制的建筑________的图样。

27. 在所画建筑详图的下方标出________和________。

28. 建筑详图中，建筑构配件的断面轮廓线为________，可见轮廓线为________或________，材料图例线索为________。

二、看图识读填空（1）

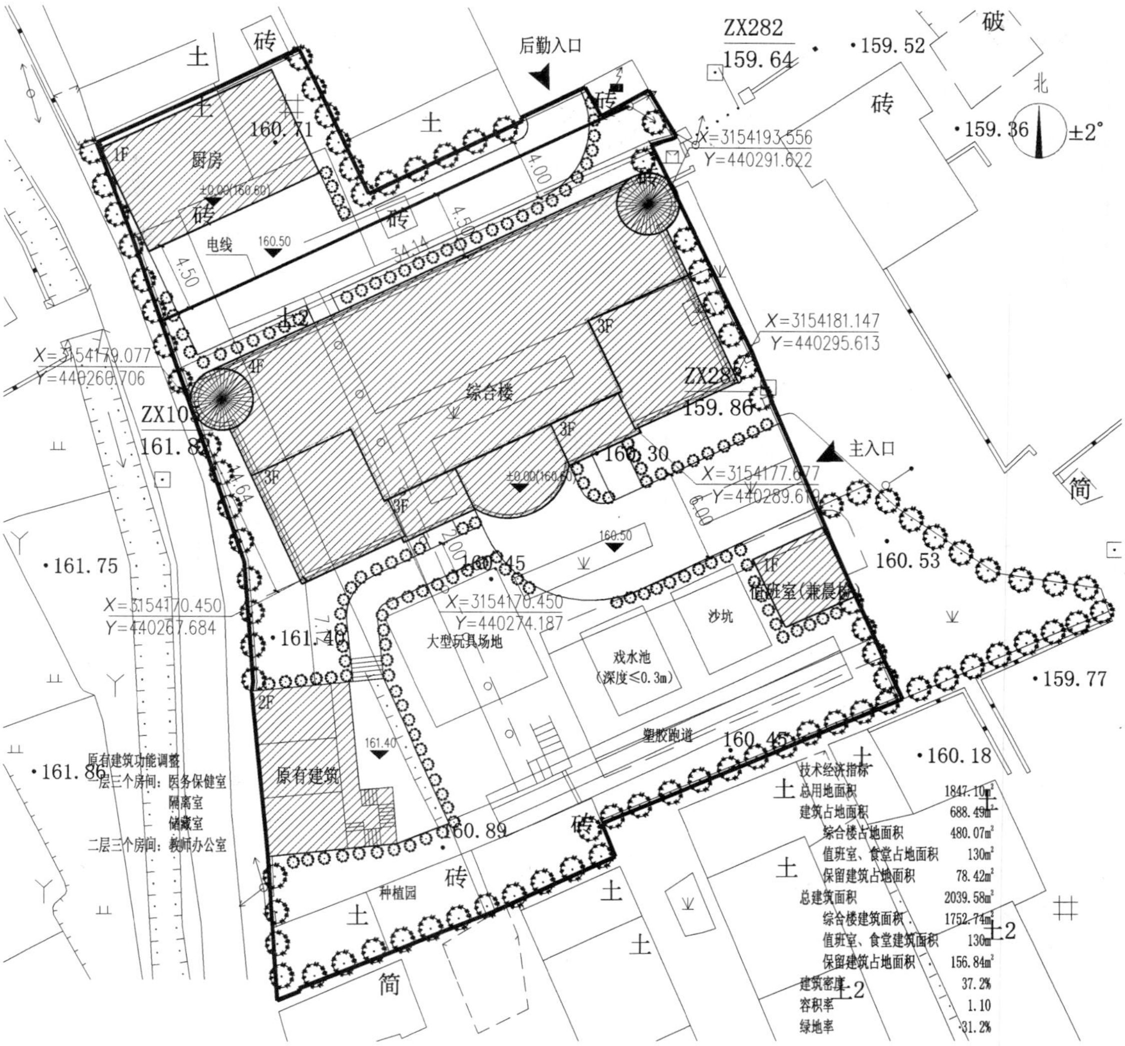

1. 图中两个箭头表明幼儿园有两个________。新建建筑物有________、________、________。平面轮廓内的数字 ±0.000（160.6）表明底层地坪的________是 160.6 m。

2. 综合楼轮廓线内左上角 4F 表明该建筑物共________层。以此类推，原有建筑物共________层，值班室在________层，厨房在________层。

3. 综合楼与原有建筑物之间的距离是________m。主入口道路宽________m，综合楼通往原有建筑物的道路宽________m。

三、看图识读填空（2）

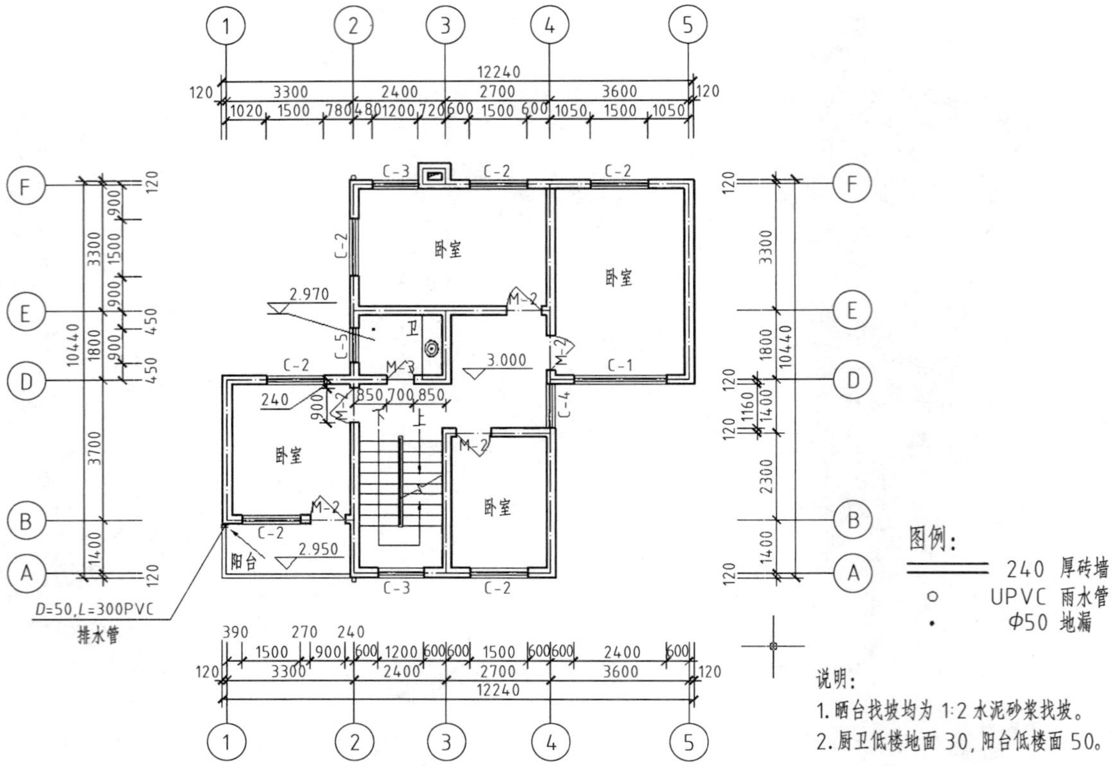

二层平面图 1:100

1. 这是住宅的________平面图，用________比例绘制。屋内布置有卧室________间、卫生间________个、阳台________个，室内标高________m，卫生间和阳台相对低一些，标高分别是________m和________m。

2. 住宅的轴线以________定位，墙的中心线与轴线从________。横向轴线从________，纵向轴线从________。

3. 剖切到的墙体用________双线绘制，墙身厚度是________mm。

4. 平面图的下方和左方标注了____________尺寸。最外面的第一道尺寸为________，反映住宅的总长和总宽，分别是________mm、________mm。第二道尺寸为________尺寸，反映定位柱墙间距，如①轴与②轴为________mm。第三道尺寸为________，如平面图右下角 C2 窗洞宽________mm，距③轴与④轴均为________mm。

5. 住宅有________类窗，宽度分别是________mm、________mm、________mm、________mm、________mm。

6. 住宅的________有个地漏，直径是________mm。

四、看图识读填空（3）

正立面图 1:100

1. 这是某住宅的正立面图，用________的比例绘制。建筑是________结构，大门位于建筑物的________。

2. 门前有一台阶，台阶踏步分为________级。从图左标高 -0.450、±0.000 可知，台阶上端到室外地面高度________mm，踏步每级高________mm。

3. 二层________有一个阳台，扶栏用的是________，高度为________mm。三层的扶栏同样是用________制作。

4. 屋顶是________，最高点标高为________m。

5. 立面图分别注有________、门窗洞、窗台、________、________等标高。

6. 立面图采用了________绘制外轮廓线；用________（______b）画出________；用中实线画出________和各种建筑构件的________；用中实线画出门窗________线、阳台以及用料________线。

五、看图识读填空（4）

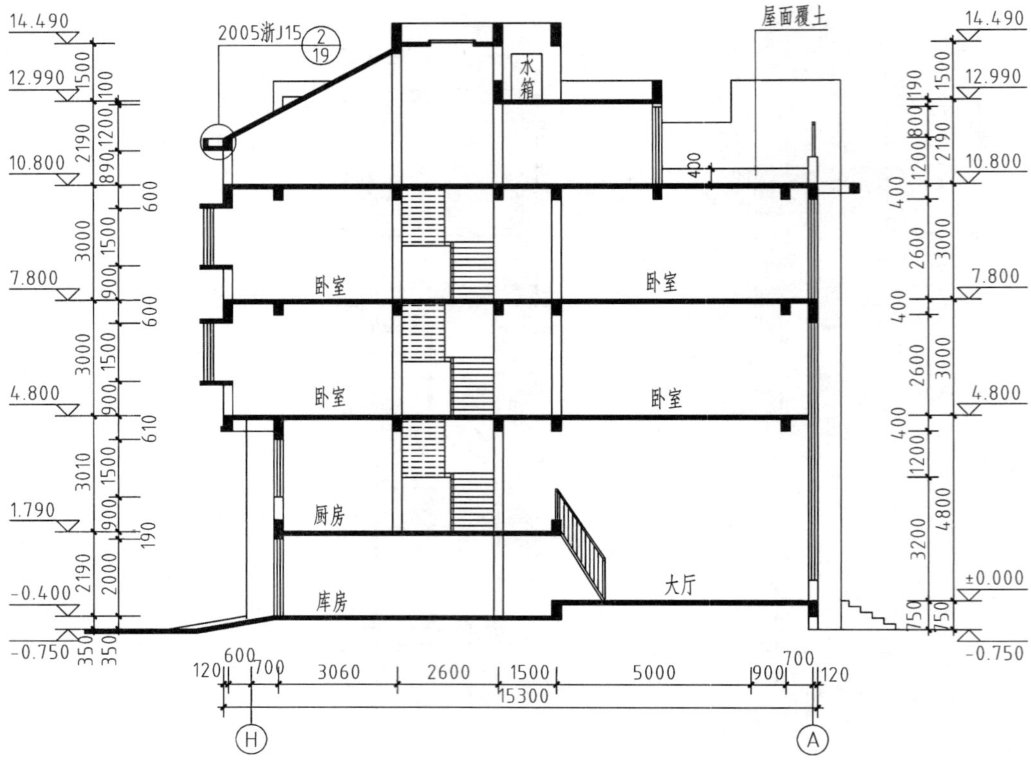

1—1剖面图　1:100

1. 这是某住宅的________，采用________比例绘制。

2. 室内外的地坪用________画出，反映________板的厚度。剖切到的墙体用两条________表示，不画图例，表示是________。剖切到的楼面、屋面、阳台和女儿墙压顶均________，表示其材料是________。

3. 从标高尺寸可知，建筑物室内外高度差为________m，首层层高为________m，二层和三层的高度为________m。住宅的总高度为________m。

4. 剖面图外墙竖向标注两道尺寸，分别是________和________的高度尺寸。

5. 剖面图屋檐处有一________，表示屋檐断面的造型另有详图。详图编号________，画在图号为________的建筑施工图中。

六、抄画建筑图

按 1:100 比例在 A3 图纸上抄画以下两图。

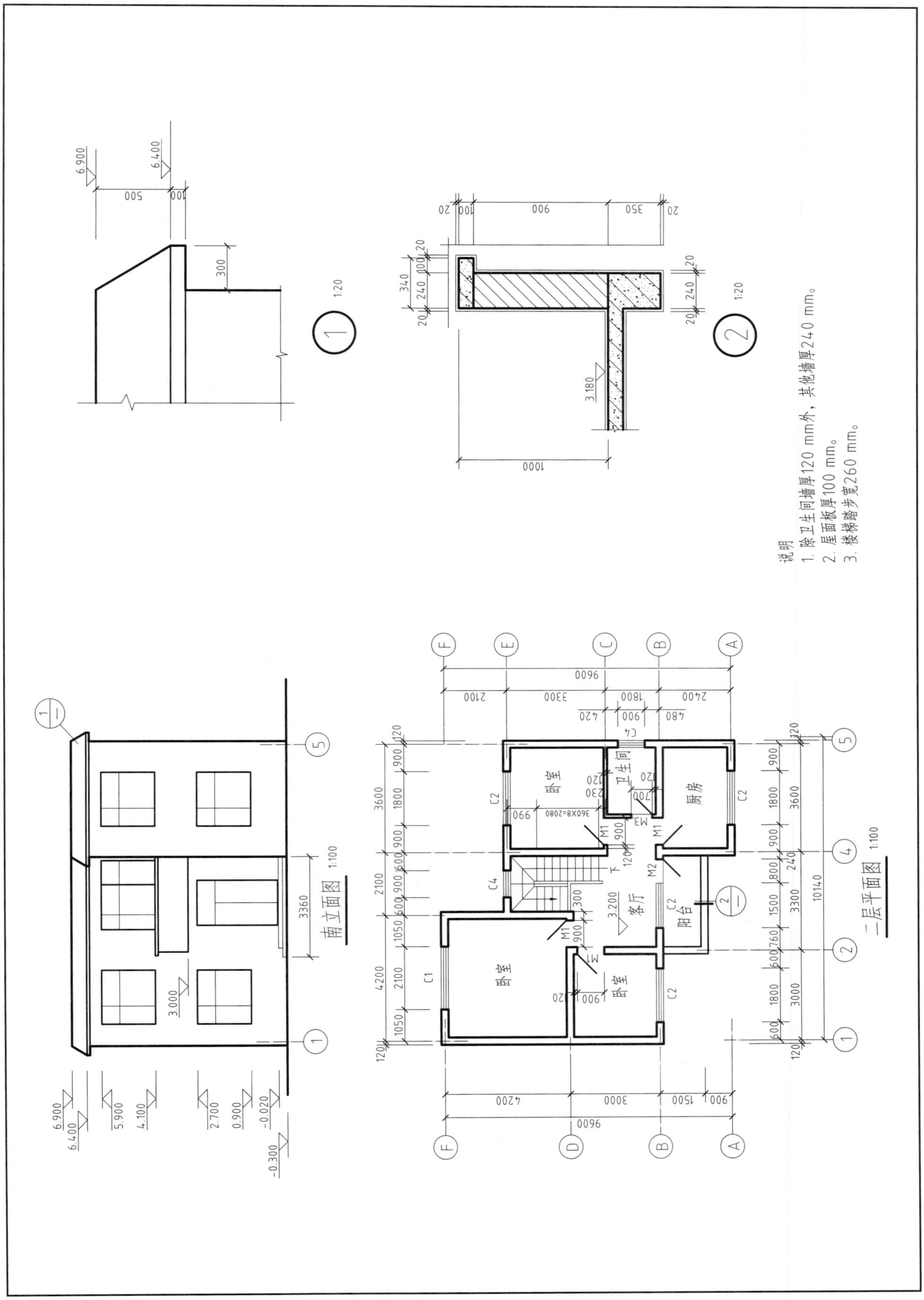
南立面图 1:100
二层平面图 1:100
① 1:20
② 1:20
说明
1. 除卫生间墙厚120 mm外，其他墙厚240 mm。
2. 屋面板厚100 mm。
3. 楼梯踏步宽260 mm。

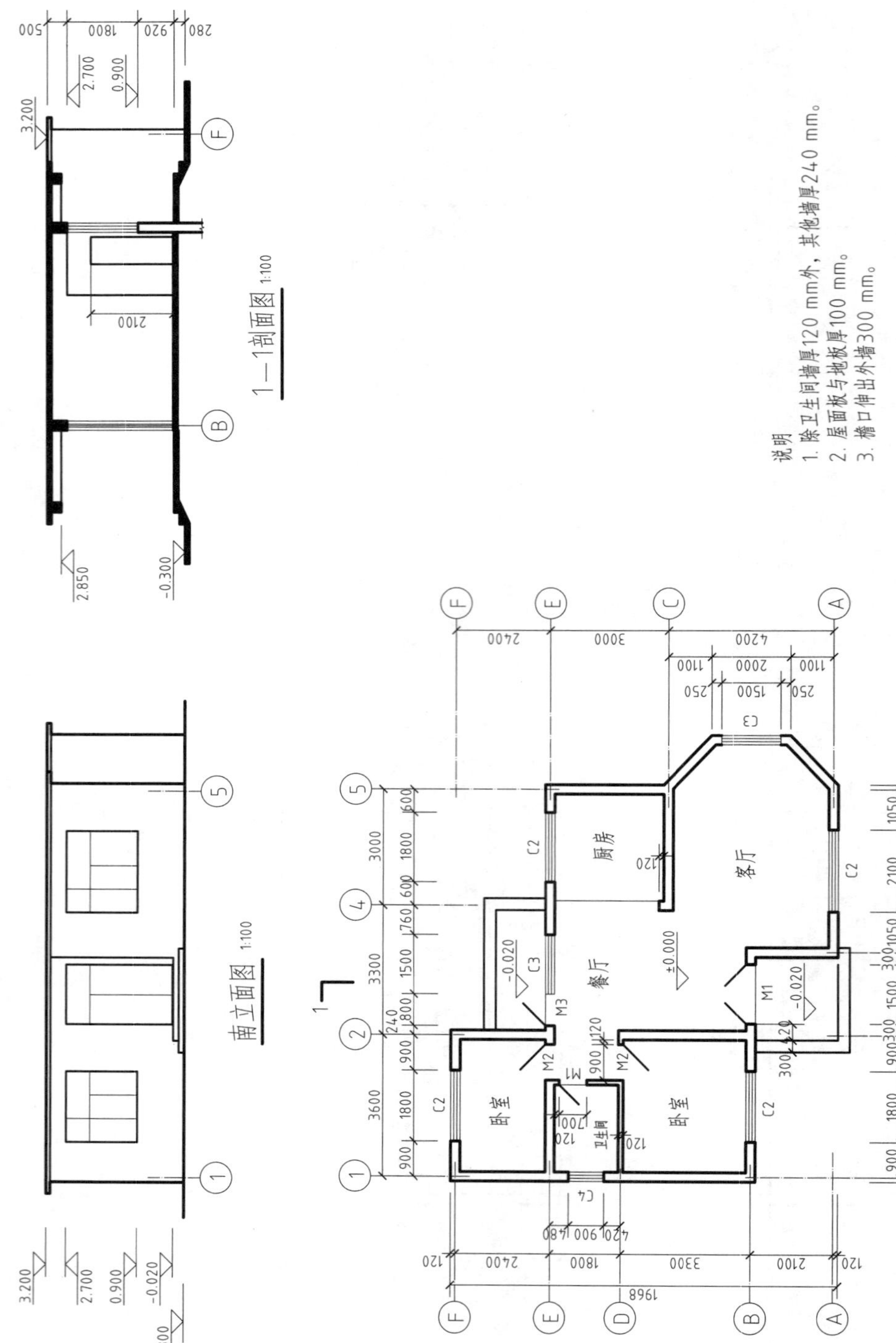
1—1剖面图 1:100
南立面图 1:100
平面图 1:100
说明
1. 除卫生间墙厚120 mm外，其他墙厚240 mm。
2. 屋面板与地板厚100 mm。
3. 檐口伸出外墙300 mm。
厨房
客厅
餐厅
卧室
卧室
卫生间

七、抄画详图

1. 按 1:50 比例抄画教材图 5-24 楼梯平面图。
2. 参照教材图 5-25 楼梯剖面图，抄画教材图 5-26 楼梯节点详图。

第六章　室内装饰工程图

一、填空

1. 室内设计基本工程图样包括室内装饰工程图、________工程图、厨卫厕装修工程图、________工程图。

2. 室内装饰工程图包括________、立面图、________、详图、________。

3. 室内设计通常以________房间为设计主体，房间越多，所需的图样________。

4. 在绘制的工程图中应尽量不使用________尺寸。如必须使用，采用________，即以________为高度基准。

5. 建筑材料符号严格按照________画法，家具与家电设备采用________画法。

6. 立面索引符号在________中绘出，内切圆直径为________mm，用________画出。外切方形尖端________，指向需要表达的墙面的________方向。

7. 室内平面图主要表示________要素，如家具和陈设等，通常________表示室外的东西。

8. 画室内平面图，要先选________、定________，画出________平面图后，画出________、________、________、电气设备、________、装饰构件等的布置。

9. 地面铺装图只需画出地面的________和________，以及固定在地面上的________，不必画________。

10. 地面铺装图的内容有________、________、窗、________、电梯、________和踏步等，地面的________，地面上的________标注。

11. 顶棚平面图的形成方法与________相同，是________视图。

12. 顶棚平面图绘制出________、窗帘及窗帘盒、________与其他装饰物、________、________、________、________、广播、检查口等设备设施。

13. 立面图只要画出左右侧墙的________、底界面的________和顶界面的________所围合成的该________的轮廓。

14. 室内设计工程中需要画墙面详图、________详图、________详图、设备设施详图、________详图、家具详图、________详图、________详图等，画哪些部位的详图，要根据工程的________、________程度而定。

15. 详图通常采用大的比例，如________、________、________、________等。

16. 电气布装图主要用来表示________、________、________、插座、开关等电气设备以及________等。

17. 电气布装图包括________、________、电气平面图，简单的家庭电气设计系统图可和________在一张图内表示。

18. 布线的画法因空间的面积、________以及________的变化而不同。

19. 电气布装图除了标注________尺寸、________尺寸外，还需标注开关、插座等设备的________。

二、用 1∶100 比例在 A3 图纸上抄画某住宅平面图

要求：

1. 建筑细部参考建筑施工图习题。
2. 设备、陈设品、家具等图例可大致地画出。
3. 标注平面图总尺寸。

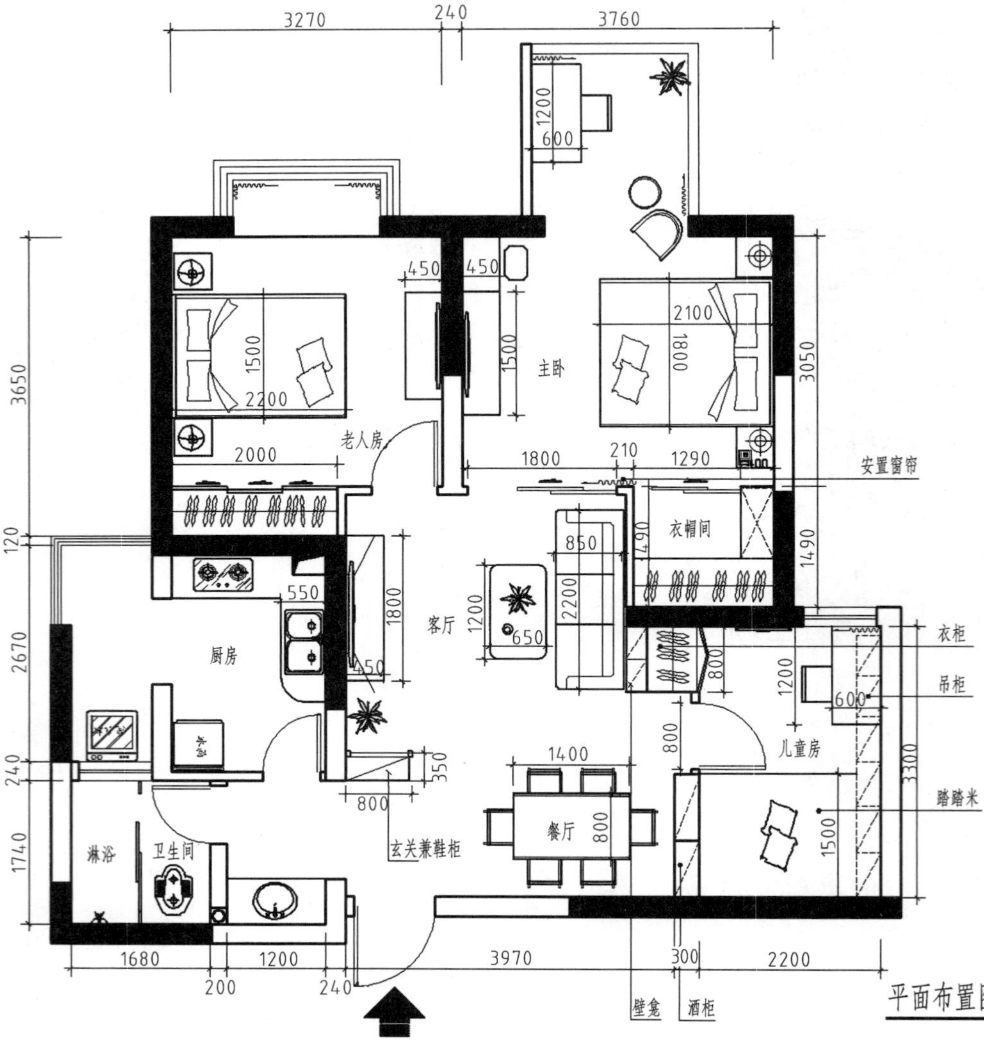
3270
240
3760
1200
600
450
450
1500
2200
1500
主卧
2100
1800
3050
3650
老人房
2000
1800
210
1290
安置窗帘
衣帽间
850
1490
1490
120
550
1800
客厅
1200
2200
650
厨房
450
2670
衣柜
1200
800
吊柜
600
800
儿童房
3300
1400
350
800
240
餐厅
800
1500
踏踏米
1740
淋浴
卫生间
玄关兼鞋柜
1680
1200
3970
300
2200
200
240
壁龛
酒柜

平面布置图 1:100

三、用 1：50 比例在下图内抄画教材图 6-13 地面铺装图

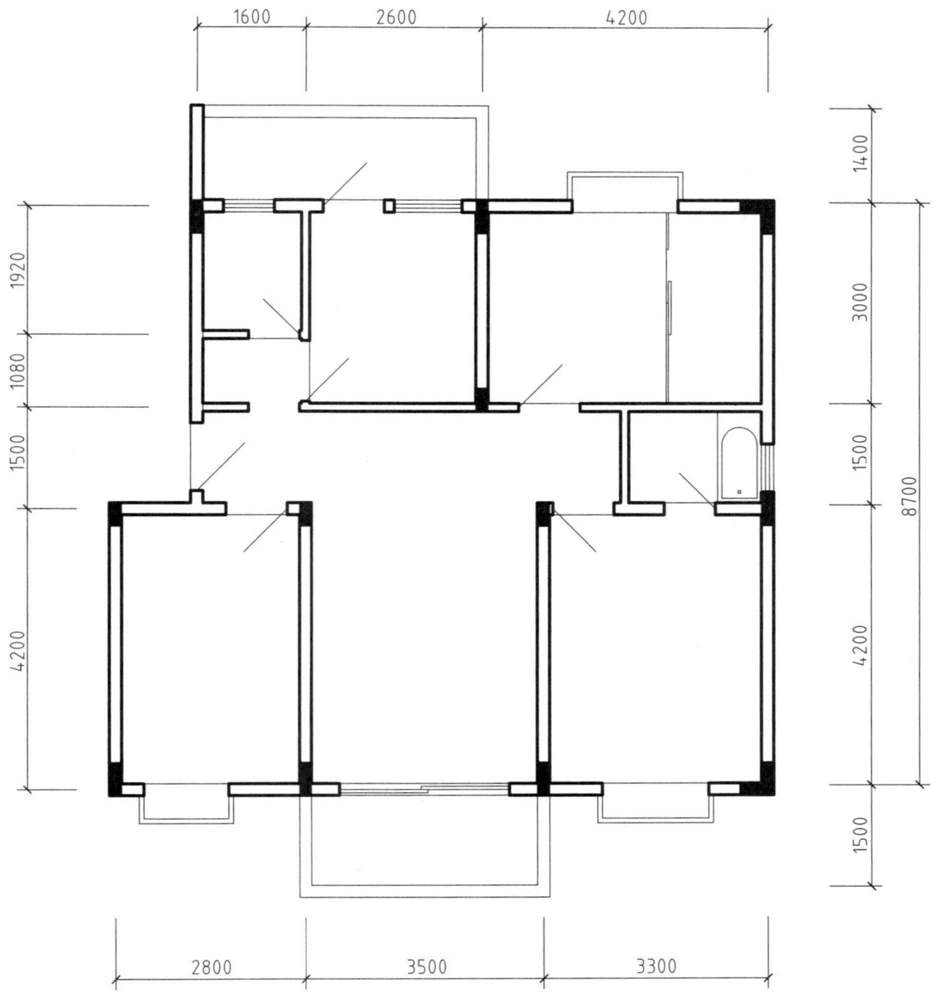

地面铺装图 1：50

四、用 1∶50 比例在下图内抄画教材图 6-14 顶棚平面图。

要求：

不标注图中细部尺寸。

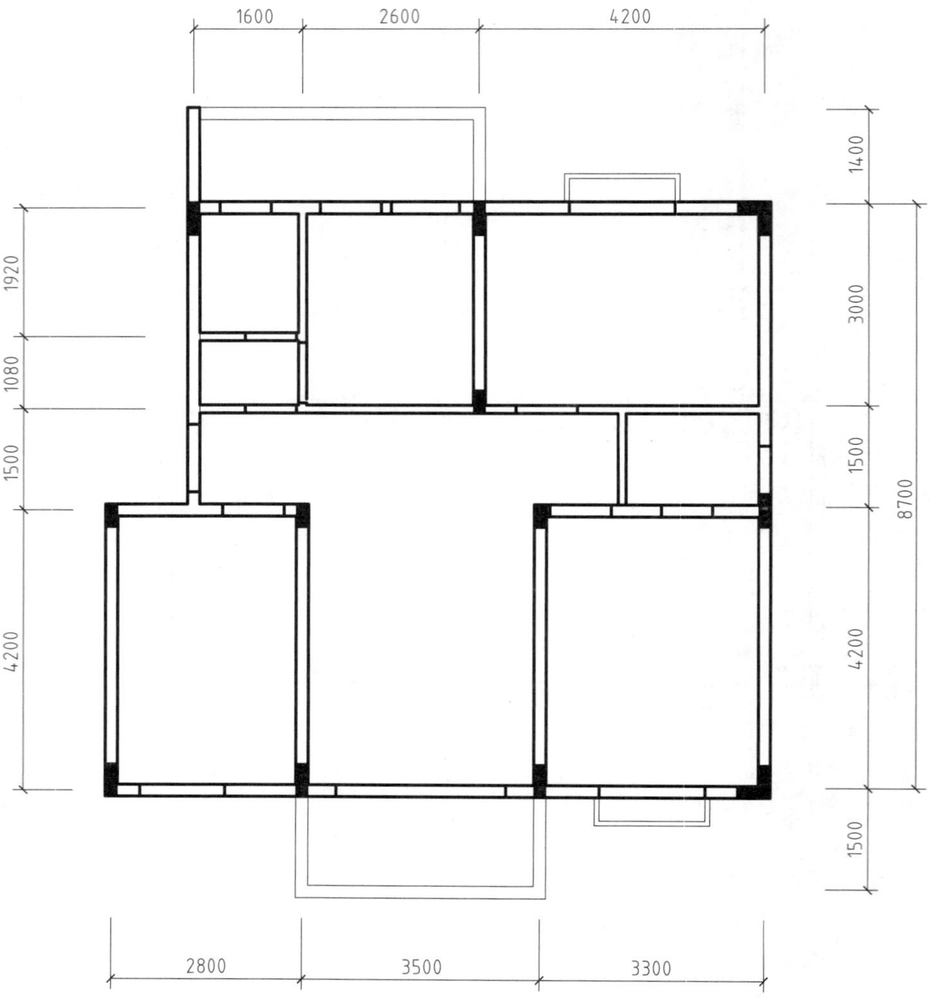

顶棚平面图 1∶50

五、用 1∶25 比例在 A4 图纸上抄画下图

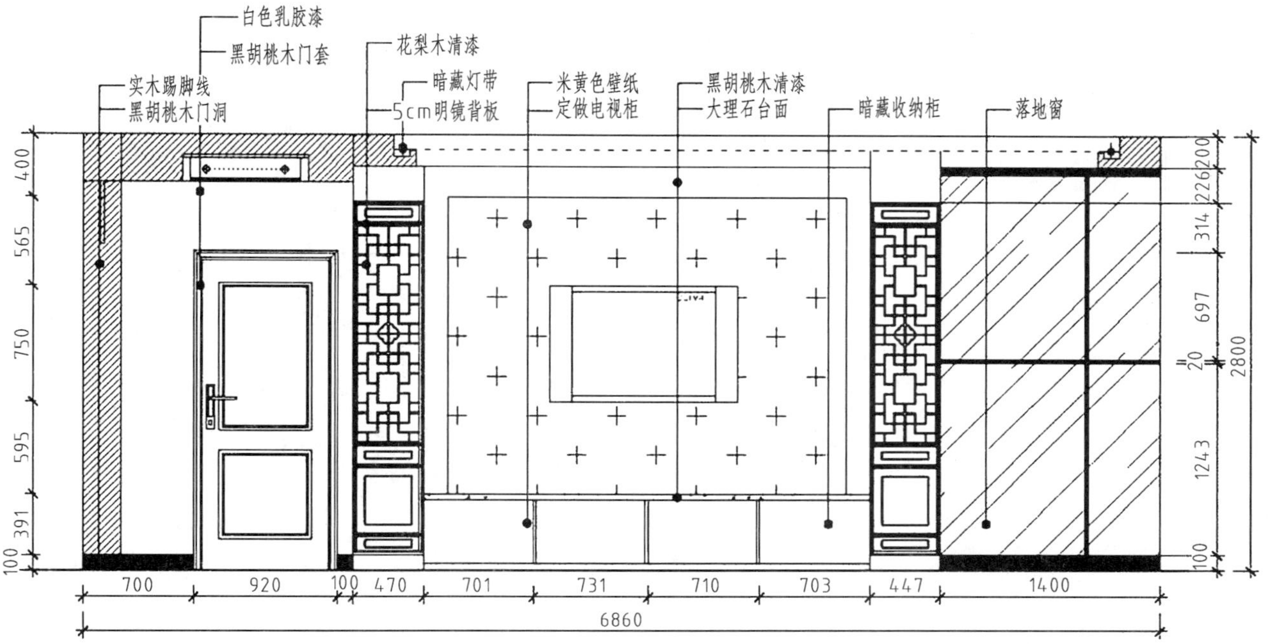

Ⓐ 客厅立面图 1:25

六、在 A3 图纸上抄画教材图 6-19 顶棚详图